Agri-Food Kingdom

農と食の王国シリーズ

# 山菜王国

～おいしい日本菜生ビジネス～

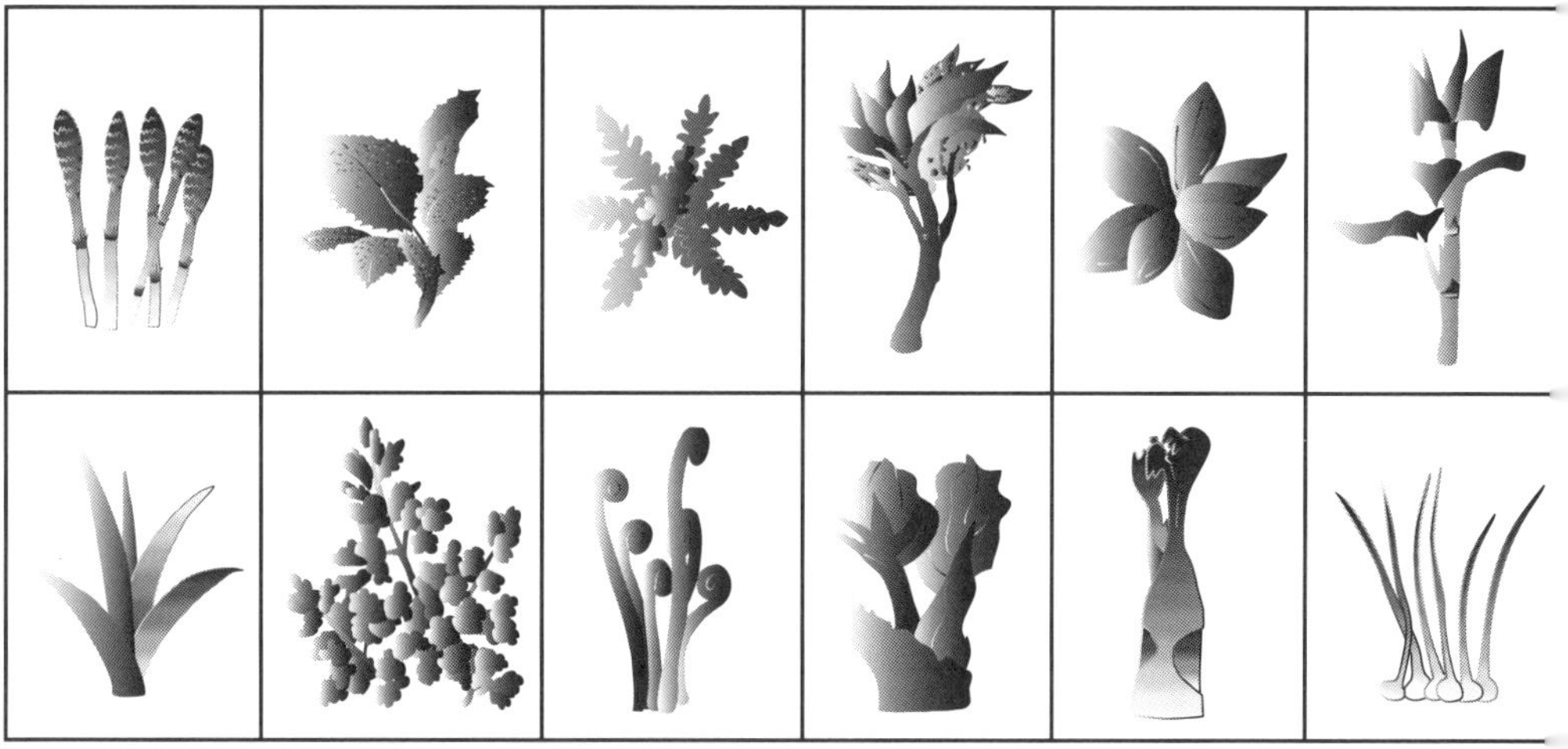

東京家政大学教授　　NPO法人日本エコクラブ理事長

中村信也・炭焼三太郎＝監修

一般社団法人ザ・コミュニティ＝編

日本地域社会研究所

# 目次

食の王国は自然がつくる
浅間・吾妻エコツーリズム協会
理事長　赤木道紘　22

既成概念にとらわれない新しい山菜の楽しみ方
北の鉢　ポッポ舎　稲葉典子　33

日本の薬膳文化の伝承を使命として
薬草膳処　じゅん庵　三田村純　37

約３０００種を植栽する日本新薬山科植物資料館
日本新薬㈱　山科植物資料館館長　山浦高夫　40

新野菜「行者菜」
行者菜生産グループ　遠藤孝太郎　42

誰でも楽しめるきのこ狩り
佐倉きのこ園園長　斎藤勇人　45

きのこ研究による社会貢献をめざして
一般財団法人日本きのこ研究所理事長　森裕美　50

薬草栽培農家として
薬草を育てる会　薬草栽培農家代表　四十九豊一　54

山菜王国ネットの構築に向けて
企業組合クリエイティブ・ユニット代表
一般社団法人ザ・コミュニティ理事　鈴木克也　57

## 第2章　旬のとれたてを味わう

目次

眺めて、食して、四季を楽しむ
明知鉄道　グルメ食堂車　94

炭焼三太郎の
山菜紹介　98

北海道医療大学薬学部薬用植物園・北方系生態観察園　准教授　堀田清先生が教える
山菜豆知識　104

## 第3章　山菜のふるさとを訪ねて

秋田県横手市三又営農生産組合
秋田元気むら山菜王国　116

山形県新庄市最上山菜協議会
山形最上山菜王国　118

岩手県岩泉町株式会社岩泉産業開発
山菜王国いわいずみ　120

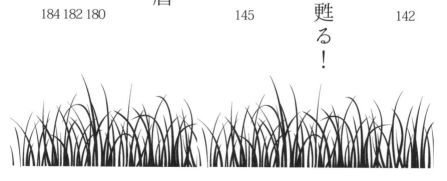

目次



表紙イラスト・重盛光明

# はじめに

地方、という言葉にスポットライトが当たるようになり、全国各地で「地域ブランド」「地域活性」「まちおこし」といったキーワードが飛び交うようになっている。ご当地キャラクターを生み出した市町村は数知れず、特産品を新たに考案したり、ゆかりのある有名人を起用してイベントを開催したり、首都圏にアンテナショップを出店したりしている都道府県も多い。

一方で、２０１１年３月11日の東日本大震災を機に、地域に伝わる祭や民謡、習慣や景観を守ろうとする動きもより多く見られるようになった。自分の生まれたまち、育ったまちに何を残すか、何ができるのか、考える人も多くなった。

つまり、地方は自分たちのふるさとに伝わる伝統を大切に守り、できることならそれらを武器に財政を潤わし、まちをにぎやかにしていきたいが、成功例に倣うことでその地方らしさを失っていく、というジレンマに陥っていると考えることができる。

日本人は農耕民族であり、自然の中で食物を育て、それらを食べて暮らしてきた。今や24時間営業のスーパーマーケットがあり、３６５日いつでも同じ野菜が食べられるように技術も進化した。その便利さゆえに、土との付き合い方や、里山のありがたみ、自然と共生の意味を、私たちは忘れてしまいそうになっている。

山菜王国、という本を出版するにあたり、山菜について調べていくと知らなかったことが次々と出てきた。聞いたこともない山菜、普段の生活に溶け込んでいる草花の恩恵、魅力的で訪れてみたいまち。「山菜とは何か、決定的な定義が存在しないこと」にも驚いた。しかも、食べれば山菜・煎じて飲めば薬草、となる一人二役になるものも多い。

ＮＰＯ法人「日本エコクラブ」の炭焼三太郎氏は、すでに「山菜王国」の商標を取得し、東京都八王子市の山奥で、里山プロジェクトを数多く展開しているが、「山菜王国」を名乗っている自治体はいくつか存在している。山菜文化を守り、発展させ、伝えていくためにも、「山菜王国」の名のもとに多くの自治体や事業主が集結するべきなのではないか。ネットワークを構築し、アイデアや歴史、先人の暮らしの知恵を共有していくことが可能になるのではないか、と考えた。山菜関連の書籍は多く存在する。詳細に説明がなされている図鑑も多い。それならば、山菜・薬草・野草を含め、さらには同じく地球の大地で育つきのこを「山菜」として定義し、私たちの暮らしを豊かにしてくれるヒントを集めてカタチにしたのが、本書である。

自然や山にも着目し、エコツーリズムの考え方についても紹介している。都会の喧騒を離れたまちへの癒しの旅も提案させていただいた。私たちの暮らしに、どれほど大地の恵みが溶け込み、隠れているのか、ハイテクではない農のアイデアがどれほど私たちをワクワクさせてくれるのか、少しでも感じ取っていただけるなら幸いである。

出版にあたっては、数多くの方々にご協力いただいた。自然を愛し、伝えてくれる自治体や企業の担当者の方々、事業主の方々の協力なくして、この本は完成しなかった。心から感謝したい。また、『山菜王国』書籍化を企画し、様々なアイデアを与えてくれた日本地域社会研究所の落合英秋社長をはじめ、編集局の仲間たちにも感謝の意を伝えたい。

では、ようこそ、山菜王国へ。

一般社団法人ザ・コミュニティ理事　鈴木克也

# 第1章
# 山菜を愛する人たち

山菜を育てるひと、
山菜を採るひと、
山菜を料理するひと、
山菜を研究するひと、
山菜を愛するひとがたくさんいます。

第1章では、
これまでの取り組みや事業の紹介を中心に、
私たちの自然を守り、
私たちの先祖の知恵を伝え、
私たちの生活を豊かにしてくれる
専門家たちの活動をご紹介します。

# 山菜王国を全国に

NPO法人日本エコクラブ
理事長　炭焼三太郎

## 里山環境保全

私は東京八王子市恩方の醍醐地区で生まれ、親から里山を相続しました。この地域は東京のオアシスともいえるほど豊かな自然が残され、歴史・文化も奥深いものがあるので、この地域を「夕焼け小焼け文化農園」としてつくりあげる大事業にかかわりました。

その関連で恩方には炭焼きの「がんこ村」をつくり、代表的な日本民家の拠点もつくり、毎年環境にかかわる様々なイベントを企画しております。その内容を分かりやすく伝えるために出版物『里山エコトピア』を刊行し、動画紙芝居として『どんぐりと三太郎』『醍醐丸』『エコ天狗と炭焼三太郎』の三部作もつくりました。いずれも森林を中心とする環境保全の大切さをテーマとしたものです。

## 山菜との出会い

その広い森林のなかでは様々な山菜が採れるので、訪れる人に山菜摘みや山菜料理などを提供してきました。

しかし、それだけでは一地域だけの個別の問題にとどまるので、この度「山菜王国」という商標登録を行い、全国各地の山菜の産地と交流したり、大都市のアンテナショップや料理店に食材を提供したり、山菜料理を開発するためのプロジェクトを立ち上げることにしました。

## 山菜王国プロジェクト

日本エコクラブは多くのプロジェクトを展開していますが、その一つに、山菜王国プロジェクトがあります。山菜や野草を食事に取り込んで身近に感じてもらい、さらには山里を愛し、里山を守りよみがえらせることに関心をもってもらうことを目的としています。

山菜や野草を食べてもらうことからはじめて、実際に自分たちでとることもめざしています。最初はレンジャーや専門の人に聞いたり、図鑑を片手にさがしたりしています。

はじめは、買った材料を使って料理をします。料理の方法は家庭でやっているような煮物、あえ物、揚げ物などでいいでしょう。山菜や野草のあつかいに慣れてきたら、少しアレンジした料理にチャレンジしています。

料理のレパートリーが広がったら、実際に山でとってきた山菜や野草を料理します。毒をもっていて食べられる山菜とよく似ているものもあるので、必ず専門の人に確認するか、図鑑で調べてから料理するようにします。

自慢の料理はこのプロジェクトで開かれる「山野草パーティー」で披露し、山菜の魅力を発信し、共有したいと考えています。

現在では、「山菜王国」を商標登録しており、山菜をテーマにまちおこし・むらおこしを計画・実施している自治体・個人と協力しあえる仕組みを整備し、活動を展開していきます。興味を持たれた自治体担当者様、店主や事業主の皆様からのお問い合わせをお待ちしております。

## 山菜王国の未来

山菜は古来より続く、我が国の文化です。大切に守り、発展させながら、伝承していくことが私たちの任務であり、喜びであると考えています。山菜王国は、全国規模のネットワーク化を図り、定期的なイベントを開催したり、課題や現状について話し合う場をもうけたりしながらコミュニケーションを図っていきます。まだ私たちも知らない魅力や逸話が出てくるでしょう。斬新なアイデアによって、新たな活用法が普及するかもしれません。

# 薬膳料理の楽しみ

東京家政大学教授・国際薬膳協議会理事長
中村信也

## 山菜と薬膳の重なり

山菜は野草の一種であり、昔から食されてきました。それぞれは何らかの薬効成分を含んでいます。それを健康に役立つ料理として楽しもうというのが薬膳ですので、山菜と薬膳の重なりは非常に大きいと思います。

薬膳は中国医学の陰陽五行の考え方を基本としていますが、それを和風料理として膳に並べたものは日本独自のものです。一般にはあまりおいしくないのではないかとのイメージがあるかもしれませんがそのようなことは全くありません。美味しくないと薬膳とはいえないのです。

薬膳料理を普及させるため、私たちは特定非営利活動法人国際薬膳協議会を立ち上げ、『薬膳の基礎知識』や『国際薬膳　実用山菜検定テキスト』を発行しました。

テキストの中では、はじめに山菜の歴史について次のように述べています。

山菜は日本の伝統的文化です。その由来として万葉集の中にうかがい知れます。「君のため春の野に出で、若菜摘む　わが衣手に　雪は降りつつ」……このように山菜は日本の雅な文化として始まり、現代まで風雅なものとして続いています。このような日本の風雅な文化の伝承を伝えるべく、２００３年に国際薬膳協議会を立ち上げました。

国際薬膳協議会は、山菜の基本方針としては次の３点を掲げています。

①自然と旬を楽しむ
②自然への感謝と掟を守る
③実物を知る

## 薬膳料理の心得

薬膳料理普及にむけた心構えとしては次の5点が重要です。

①陰陽五行論に基づいて五性、五味、五色、五香を用いる。
②何を料理に表現するかの目的を明確にする。
③食材の選択に注意を払う。特に旬のものを選ぶようにする。
④薬膳は中華料理だけではなく、日本料理、フランス料理、イタリア料理に適用できる。
⑤美味しくなければ薬膳ではない。

## 旬のものを食するのが基本

以上のような心構えの中でも最も基本的なのは旬のものを食するということです。旬とはいっても日本の地形は南北に長いですし、最近の生産技術・保存技術の進歩の中でその境はあいまいになってきていますが、季節ごとの旬のものを食する方が、おいしいですし、経済的でもあります。季節の風雅を感じるのも大切なことです。

## 山菜検定

しかし、野菜や山菜を料理として楽しむにはそれなりの知識と経験が必要となります。また、そのような理解者に文化の伝道師となってもらいたいという思いもあり「山菜検定」のテキストをつくり、石川県小松市ではそれを使って実際の検定を行っています。

「環境王国こまつ山菜検定」は、平成24年度から開催されました。制度としては、以下のような初級、中級、上級に分かれています。

## 山菜・薬膳普及の努力

このような素晴らしい山菜・薬膳を日本国内だけではなく国際的にも普及させたいということで国際薬膳協議会を立ち上げ活動しています。

| 段階 | 試験の名称 | 試験の内容 | 合格者称号 |
|---|---|---|---|
| 1st STEP | 山菜初級 | 山菜知識力（ペーパー試験） | 山菜知識者 |
| 2nd STEP | 山菜中級 | 現物を見分ける力（実物を言い当てる） | 山菜鑑定者 |
| 3rd STEP | 山菜上級 | 材料を見分ける力（料理中の山菜を当てる） | 山菜達人 |

２０１４年には新たに一般社団法人まほろば東京融合療法研究会を立ち上げました。この組織は山菜・薬膳料理だけではなく、療法所や療法大学を含め、統合的な融合医療のシステムを構築しようという新しい運動です。

「山菜王国」とも重なる部分が大きく、方向性も同じなので連携して大きな流れをつくっていきたいと考えています。

国際薬膳実用山菜検定テキスト

特定非営利活動法人国際薬膳協議会

## 山菜検定について

**1名称**
検定の名称は『自然食検定』（仮）とする

**2検定の実施者および管理運営者**
検定の実施者は国際薬膳協議会が行う
管理運営は株式会社ナムラシンが行う

**3検定の区別**
検定の区分は検定受講者のニーズにあったものとする
（例）退アレルギーetc

**4検定受験の要件**
検定に必要な要件は座学およびフィールドワーク
座学は2種①講座の受講または②通信教育（web）の受講
＊テキストは書籍および補足資料

**5資格の認定**
善行「座学の受講およびフィールドワークを満たし、認定試験をおこない、一定の成績を修めた物を合格者として認定する

**6資格の有効期間**
認定の有効期間は２年間とする

**7資格の更新要件**
2年間で更新に必要な講座の受講およびフィールドワークをおこなう

**8検定の告知方法**
①際薬膳協会のHPで告知
②他HPへのリンク貼りだしにて告知
③市民講座での告知
④他（例）プレリリースetc

# 食の王国は自然がつくる

浅間・吾妻エコツーリズム協会
理事長　赤木道紘

## 地球の声が聞こえますか

私は元々は北海道生まれで、かなり田舎のほう、原生林の近くで育ちました。

小学校への通い道では大きな黒いキツツキ（クマゲラ）が樹木をつついている音、そして独特の鳴き声がこだましています。トトトトトトト…、キィー、キィー…

夜は森から得体の知れぬもののけの声（恐らくあれは、ぬえ〔トラツグミ〕の仕業でしょう）が聞こえてきます。ヒョォ〜キュウ〜コウォ〜…

剣道を学んでいた私は帰りが夜中になることもしばしば。夜のお墓の中を通る時はドキドキ。でも、その後の牧草地ではお月さまがやさしく私を照らしてくれました。月が出ていない時は満天の星空が出迎えてくれます。隣り近所も疎らだった田舎では天の川がよく見えていましたが、そんなことを教えてくれる大人も周りにはいなく、「なかなか動かない雲があるなあ」と思ったものです。オリオン座はいつ観ても格好良かったですし、ひしゃく星の隣のこぐま座は、私だけが知っているとっておきのひしゃく星でした。

何から何までドラマチックだった、家を出た外に広がる世界。春にはホオノキが大きな白い花をつけて、あたりいっぱいに香りを放ちます。花が散り、葉桜となったサクラの樹の下には、小さなサクラの稚樹がたくさん芽吹いていています。トドマツの深い緑の森の林床には、はだ色の不思議なきのこがたくさん出ていました。ところが忙しい大人たちにとっては、あまり興味が無いようでした。

やがて私も大人になり、一時は、自然は自分とはまるで無関係であるかのような暮らしを送っていたこともありました。その後、１９９５年阪神・淡路大震災、２００１年アメリカ同時多発テロなどの私たちのライフスタイルやアイデンティティを考えさせられるような事件が起き、また、私も万座温泉で大変な水害を経験しました。その時に「私たちがもっと自然の声が聞こえるようであったなら、こんなことにはならなかった。」と、とても残念がったものでした。

そして２０１１年、日本は東日本大震災という大変な災害が起きました。都市を直撃した津波は人間が作ったあらゆるものを破壊し、計り知れない自然の猛威を見せつけることになりました。亡くなられた方々のご冥福と、被災者の方々の復興を心よりお祈り申し上げます。そしてこの災害を教訓に、私たちは長い間「自然」を客観的な対象の「物」と見なしてきたことを改め、かつての「自ずから然り」という自然感、造化（天地自然または神）の成す理《ことわり》に従い、四季の変化に身をゆだね、今を歓び生きるという、日本人の本来的な生き方に帰るべきではないでしょうか。

お子様がいらっしゃるお父さま、お母さま。街角で香りの強い花があれば子供と一緒に嗅いでみてください。裏山で不思議なきのこを見つけたら図鑑で調べてみてください。もしかしたら美味しいきのこかもしれません。土手の桜並木の下に赤ちゃんサクラがいたら、根を傷つけないように取り出してやり、もう少し日の当る所に出してあげるのもいいでしょう。旅行先では、夕食の後にご家族で星を眺めてみましょう。本来の星座の形を知らなくたって構いません。ご家族で気にいった星々を繋いで夜空に絵を描いてみましょう。そして次の年の同じ日、同じ時間にもう一度夜空を見上げて、同じ絵を描くことができたらとても素敵なことですね。きっと古代の人たちも、そうやって星を眺めていたのでしょう。

私たちの自然感覚を本来のものに戻すためには、「自然」を自分の外側にある別のものとしてとらえるのではなく、「天地自然の中で、大いなるこころに護られている」と、とらえるのが良いでしょう。幸いなことに、浅間山麓・吾妻地域には雄大な浅間山はもとより、草津・万座の霊験あらたかな温泉や巨木の森、美しい高山植物や湿原の数々、吾妻渓谷など、自然感を取り戻すには豊富な要素であふれています。また森の中や草原で行うヨガやノルディックウオークは心身のバランスや体調を整えてくれますし、かつての養蚕農家や宿場町には今も古民家が残っており、里山風景に心が安らぎます。そして旅先ではフットワークも軽くなります。マウンテンバイクや釣り、沢歩き体験など、新しいことにチャレンジなさってみてはいかがでしょう

か。

私たちは、エコツアーや自然体験などによって皆様方が「本来の自然感を取り戻す、もしくは自然と深くシンクロする」のをお手伝いさせていただきます。これからの世代の方々がつくって行く新しい社会は、「地球の声が聞こえる人、天地自然の思いがわかる人」達によって築かれてほしいと思っています。エコツーリズムとそれに関わる人達には、みんなが幸せになれる持続可能な社会を築くための、重要な役割を持っていると考えています。

**エコツーリズムとはなにか**

日本エコツーリズム協会による定義は次の通りです。

エコツーリズムとは
自然・歴史・文化など地域固有の資源を生かした観光を成立させること。
観光によってそれらの資源が損なわれることがないよう、適切な管理に基づく保護・保全をはかること。
地域資源の健全な存続による地域経済への波及効果が実現することをねらいとする、資源の保護＋観光業の成立＋地域振興の融合をめざす観光の考え方である。それにより、旅行者に魅力的な地域資源とのふれあいの機会が永続的に提供され、地域の暮らしが安定し、資源が守られていくことを目的とする。

では、当協会が考えるエコツーリズムについてお話ししたいと思います。

日本百名山の浅間山、四阿山、草津白根山。そして花の百名山、浅間山、黒斑岳、根子岳、高峰山、志賀高原、浅間高原(新花百)。この他にも、ぐんま百名山、信州百名山に名を連ねる数々の名山があります。特に浅間山は世界でも有数の活動中の活火山であり、美しく雄大なカルデラや鬼押出し溶岩流の爪跡が見られ、また独立峰ゆえの固有の気候と生物種を有しています。

また、屈指の温泉郷としての顔もあり、草津温泉、万座温泉、鹿沢温泉、浅間隠し温泉郷、川原湯温泉、尻焼温泉など、挙げればキリがありません。草津温泉をはじめとする数々の温泉地は、中世には全国に名が知れ渡っており、長年湯治場として、また近世ではリゾート温泉地として湯客をもてなしてきました。当地の住民にはお客様をあたたかくお迎えする、おもてなしの心が根付いています。

美しい里山、農村風景もあります。赤岩地区の養蚕農家群、北軽井沢の牧場風景、嬬恋のキャベツ畑、噴火の災害から復興した鎌原集落、街道沿いの旧宿場町と古民家、「冬住みの村」小雨集落などがあります。

旧六合村入山地区は木曽義仲や平家の落人伝説があり、草津温泉や嬬恋村では、今も日本武尊や弘法大師、源頼朝の伝説や民話が語り継がれています。山や畑を背にした古い木造りの家がある吾妻の故郷風景は、心が安らぎ、郷愁の念にかられます。

縄文時代の遺跡も数多く残っています。リストを挙げてみます。

【嬬恋村】今井地区遺跡群、熊四郎洞窟
【長野原町】勘場木石器時代住居跡、石畑岩陰遺
【中之条町】宿割遺跡、下平遺跡、久森遺跡
【御代田町】川原田遺跡、滝沢遺跡
【佐久市】平石遺跡、下吹上遺跡
【軽井沢町】茂沢の南石堂遺跡
【東御市】戌立石器時代住居跡

【小諸市】寺ノ浦石器時代住居跡、郷土敷石遺構
【上田市】八千原遺跡、下前沖遺跡

浅間山麓、西吾妻の代表的な縄文遺跡だけでもこれだけあります。中でも嬬恋村今井地区遺跡群から出土した大小２つの黒色磨研注口土器は、無傷の状態で発見され、土器の大小の大きさおよび幅と高さの比率が１対1.4とバランス良く、日本の原始美術品として大変に優れています。また弥生時代以降は群馬県南部や西部には大きな古墳群を残した韓族（カラゾク）が繁栄していたため、西吾妻地域の縄文人は東北への退路を断たれ当地に居座るしかなく、縄文人の血が残っているのだと考えられています。

話は変わって有史以降の室町時代、浅間山麓と西吾妻地域一帯は、有力豪族の滋野一族が支配していました。やがて滋野氏は、海野、禰津、望月の三氏に分かれました。海野氏からは下屋、真田、鎌原、西窪氏が、禰津氏からは浦野氏が、望月氏からは湯本、横谷氏などが生まれました。その後、それぞれは独立し領地争いをしたり、戦国時代には上杉家と武田家にそれぞれがつくことになり、同族内で戦争をした悲しい史実もありました。そして、西吾妻は沼田藩となり真田家（上田市）が統治しました。

この他にも自然資源では「関東の耶馬渓」と称された吾妻渓谷、高山植物が咲き乱れる池の平湿原や芳ケ平湿原、ダム湖１００選の野反湖なども人気ですし、農産物はキャベツ、ジャガ

イモ、トウモロコシ、花豆、モロッコいんげん、トマト、キュウリなど、全ての高原野菜を食することができます。他にも獅子舞の披露やどんどん焼きなど伝統的な年中行事が継承されています。

## ニューツーリズムの融合

従来の物見遊山的な旅行スタイルから一歩進んだ、旅行先で人や自然との触れ合いを求める「体験型」「交流型」が求められています。この分野は「ニューツーリズム」と呼ばれ、産業観光、エコツーリズム、グリーン・ツーリズム、ヘルスツーリズム、ロングステイ、文化観光などがあたります。各旅行スタイルは各関係機関や所轄行政により別個として扱われ、枠組みや規制が作られています。

しかし、これらの旅行スタイルはどれを

とっても旅行会社が主導ではなく、地域特有の資源や人材などの「地域の宝」を活かして誘客し、地域に商業的および経済的に潤いをもたらし、またその宝を保護保全していこうとするものです。よって、上記の旅行スタイルは全てエコツーリズムの範疇に入ると考えています。また「ヘルスツーリズム」については、都市生活者が緑豊かな農山村地域で自然や人とふれあう体験をすると、生理的リラックスによりストレス緩和や免疫機能の向上、血圧の低下などがエビデンスに裏付けられて解明されていることから、当地の「エコツーリズム」体験と温泉入浴等により癒され、健康が回復・増進するさまはまさに「ヘルスツーリズム」の実践です。当協会では

当地での「エコツーリズム」体験　＝　「ヘルスツーリズム」の実践

と考えています。エコツーリズムの最も特徴的なことは、対象とする観光素材を保護保全していこうとする姿勢にあります。ですから、大勢で行って踏み荒らしてしまったり、動物達を脅かせてしまったりでは、本末転倒です。

## 憧れの職業として定着すること

当地域では企業のスポンサー等を持たない、純然たるエコツーリズムのＮＰＯ法人は巨大ホテル群が立ち並ぶ長野県上田市菅平高原のやまぼうし自然学校のみとなります。つまり、まだ自然体験活動分野では独立採算は難しい状況です。しかし、どこかの一市町村だけだと魅力や

宝の数が限られてしまいますが、地形的にも、歴史的にも関わりの深かった浅間山麓・西吾妻地域の魅力を集めれば、数え切れないほどの観光素材が集まります。1泊ではもの足りない、来月また来ますね！　などのお声もいただいています。

「エコツーリズム」は浅間・吾妻の最も大きな魅力である自然環境の良さと、あたたかい人のおもてなしを最大限アピールすることができます。地域の自然環境のよりよい保全とゆとりある活用、みずみずしい観光と産業の持続可能な発展、老若男女全てに役割のある安寧した社会は、「エコツーリズム」を推進実施することで実現できます。

「エコツーリズム」の正しい普及と社会的地位の向上により、その指導者や案内人、あるいはコーディネーターとしての仕事は「地域の特性を生かし輝かせる」という役目を持つ、新たなあこがれの職業として成立します。住民の誇りと郷土愛を育み、若者に希望を与え、地域の活性化と連携が進んでいきます。

当地域において、これからを担う若者が、「エコツーリズムに関わる」という職業を選択できる社会をつくることが、私たちのミッションでもあります。また、山菜やきのこなどは、私たちの先祖から重宝されてきた、文字通り「山の宝」です。私たちはこの価値を広め伝えていく責任を担っていると感じています。植物や動物、土や水にも関心を持ち、持続可能な社会の実現に向けて、多くの方々と協力しあっていきたいと考えています。

# 既成概念にとらわれない新しい山菜の楽しみ方

北の鉢　ポッポ舎
稲葉典子

## ジャングル　ベジタブルの誕生秘話

世界遺産・知床半島のおひざもと、道東・北見で山菜を採取し美味しく食したいと日々努力を重ねております「北の鉢　ポッポ舎」です。

皆様意外に思われるかもしれませんが、山菜は古来より保存食ととらえられておりますが、私の感覚からするとお刺身です。子どもの頃、両親が山に蕗やわらびを採りに入った折は、これから家に戻るところだから大鍋に湯をいっぱい沸かしておけ！とよく連絡の電話が、留守番をしている子どもたちに入ったものです。

それほどに山から切り出した山菜は一刻をあらそい下茹でし、皮をむき水にさらさなければアッという間に味が落ちてしまうのです。

ですから4月、5月に里山まで来ていただいて、採れたて、掘りたてのものを天ぷらや和え物で召し上がっていただくのが一番なのです。ただ、山から遠く離れた都会でも美味しく食べたい。そんな思いから「ジャングル　ベジタブル」の商品群は生まれました。

私はこの30年間というもの、ずっと横浜に暮らしております。
周りは港町横浜らしく、わけもわからない隣人たちが沢山おります。トヨタに勤務のご主人の赴任に付き添い、長年カナダやアメリカで暮らしてきた同年代の奥さん。すぐお隣には温厚そうな旦那様が住んでおります。海外出張が多いらしく、よくお土産のお裾分けをいただきます。

あまり立ち入ったことを聞いても、と長年そのままでしたが、つい先日こらえきれずに、何のお仕事を?と聞いたら、二酸化炭素を売っているのよ、のお答え。決して商売人には見えないから、政府の二酸化炭素基準交渉に出向くのか、とも考えられます。奥さんである彼女にしても、「私は別になんの特技もないので、動物保護地域の日本人職員のための食事係として登録したら採用になったので、1ヶ月間ケニアに行ってきた」と平気で日常ともいえぬ日常の報告をくれたりします。

こんな彼女たち、料理に関する知識や探究心は並ではありません。なにより既成概念にしばられません。私が北の大地から持ち帰る山菜をアーでもない、コーでもない、コーしたらいい、などとかまびすしくひねり出したのが「ジャングル　ベジタブル」山菜料理の数々です。
「山わさびの練りこみ」といって、すった山わさびを保存のため、粕に練りこんだ（山わさび7：粕3）素材感たっぷりのものがあります。これを見せたら、すぐに薄切り食パンにたっぷり塗り込んで、上からピザ用チーズをのせ、さらにオリーブの実の薄切りをちらし焼く。12分の1

に切って出すと、ワインのお供に抜群だったよ、と返事レシピがきます。

なるほど！

やってみると、トースターの中で、わさびの香りが立ち、大変おいしく出来上がること。山菜本来の道からすると、邪道というか横道に外れすぎの「ジャングル　ベジタブル」ではありますが、生産地から遠く離れている都会には都会独自の山菜の楽しみ方があると皆様に知っていただければ、とても嬉しいです。

## 地域を支える山菜の復権を目指して

両親の介護が必要になり、介護をし始めてから、健康の大切さを痛感しました。同時に、介護の合間には気分転換を兼ねて、盆栽・山野草の寄せ植えを始め、徐々に人脈も広がり、山菜の美味に感動を覚えおおいに癒されたものでした。そういった中で、季節の芽吹きの恩恵による健康増進、自然治癒力にも関心を強めていきました。

食の大切さを念頭に地産地消にさらに踏み込み、従来の山菜料理ではなく都会好みの味を提唱することも現地の販売促進に寄与できることと思い立ちました。外国産の安かろう悪かろうですっかり評判を落とした山菜の復権、本来の山菜の持つ滋味・栄養を提供し、健康増進のサポートができるものと考えております。

「ジャングル　ベジタブル」は栽培野菜とは異なり、下処理に時間と経験が必要ですので、シニア世代の知識と労力を活用する機会にもつながります。さらに単純作業部分には、近隣の特別養護施設の卒業生の受け皿としてお役に立てればとも考えております。

（「ジャングル　ベジタブル」の詳細はＰ78参照）

# 日本の薬膳文化の伝承を使命として

薬草膳処　じゅん庵
三田村純

１９８９年、私自身の生き方の歪みと身内の相次ぐがん死の中、心の安らぎを求めて、ここ山梨県大月市初狩町の大菩薩連峰南端の滝子山の麓に「薬草膳処　じゅん庵」をオープンしました。

あれから時は流れ、時代は刻々と移り変わり飽食の時代の中、その悪影響が出始めています。アトピー、花粉症、不妊症等々さらにふたりにひとりがガンという時代を迎え、私達のライフスタイルを見直す時期が来ているのではないでしょうか。

21世紀は自分を知る時代、個の時代です。

自分らしい食養生を発見するためにも自然と共生し、自然から学ぶ生き方が求められていると思います。

昔から民間伝承されてきた日本の薬草食文化は核家族化のためにほとんど伝わっていない状況です。昔から行われてきた御節料理や春の摘み草などの伝統行事には、その季節に負担がいく臓器の癒しがあります。大月市の名物となったおつけだんごに、野草と薬草をブレンドした

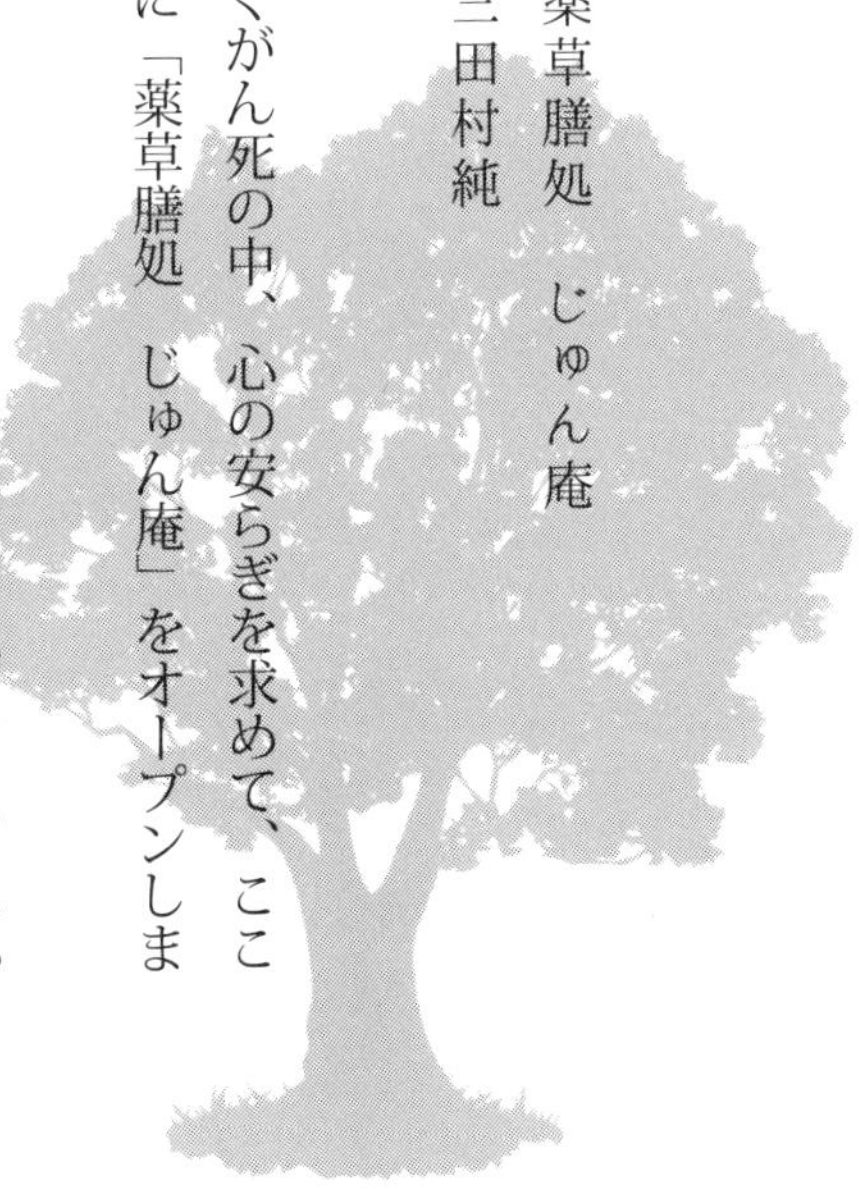

オリジナル料理の「薬膳おつけだんご」は、四季に合わせて薬草を変えています。春は冬の間に固まった体が解放されて、肝臓に負担がかかるため、濃いグリーンのヨモギを入れて解毒の臓器を強化します。夏はすりゴマを入れた冷たいおつけだんごに赤いベニバナの花びらを練り込みます。晩秋の風は肺に負担がかかるため、ヤマトイモをすりおろし、ハトムギも入れます。白は肺を強化する色です。冬の寒さは腎臓の負担になり、それを癒す色は黒です。黒豆や黒ゴマ、ワカメや昆布の海藻類を使っています。

これだけ医療が発達しているのにも関わらず一向に病人が減らないのはなぜでしょうか。私達は快適、便利、利益を優先させ本来の生きる姿を見失っているからではないでしょうか。

一方、少しずつではありますが、日本古来の良さを認識している方も増えているように感じます。何でも初めはひとりからです。少しずつ輪を広げて、どれほどに自然が大切か、季節ごとの自然の恩恵が心と体にどれほど影響しているものなのか、気づいていただけたら嬉しいです。

そのための場の提供と料理教室や薬草塾を通して、日本の薬草食文化のプロを育成し、各地の伝統食を加味した薬草食文化の伝承者として地域に貢献をしていただきたく思います。薬草食文化に関心のある方がひとりでも多く参加していただいて、捨てるにはあまりにももったいない日本古来の薬草食文化の伝承者として輝いていただくことが私の最後の仕事かなと思っています。

# 約３０００種を植栽する日本新薬山科植物資料館

日本新薬株式会社　山科植物資料館
館長　山浦高夫

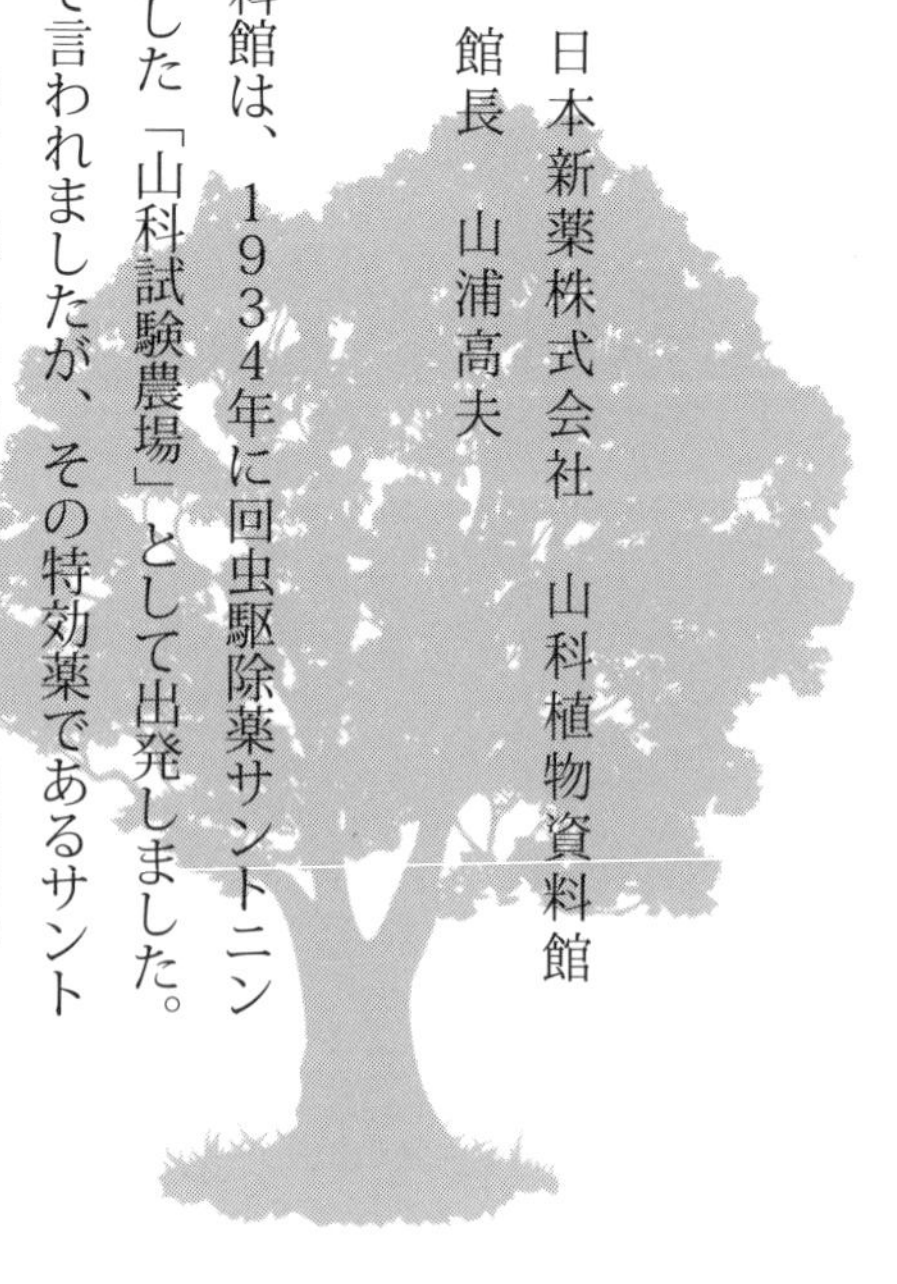

京都市山科区に位置する日本新薬㈱山科植物資料館は、１９３４年に回虫駆除薬サントニンの原料植物であるミブヨモギの栽培・育種を目的とした「山科試験農場」として出発しました。

当時日本では寄生虫の回虫が蔓延し国民病とまで言われましたが、その特効薬であるサントニンはすべて輸入に頼っていました。当社は１９２７年に入手した欧州産のヨモギ属植物がサントニンの原料植物として使用できることを見い出し、ミブヨモギと命名して日本での栽培法の確立と品種改良に取り組みました。この結果、１９４０年に独自に国産サントニンを製造・販売するまでになり、１９６９年の製造終了まで、戦後の日本から回虫を一掃して、国民衛生の向上に大きく貢献することができました。

１９５３年、試験農場は「山科薬用植物研究所」として再スタートし、サントニンを含有するヨモギ属植物の育種研究を進め、植物特許第一号を取得した「ペンタヨモギ」「ヘキサヨモギ」などの優良人工品種を生み出しました。その一方で、世界中から有用植物を収集して新薬の開発に取り組みました。

１９９４年には「山科植物資料館」に改組して現在に至っており、保有植物種数は３０００種に達しています。面積は２４００坪の小さな植物園ですが、ミブヨモギなど薬用植物ばかりでなく食用、工芸用などの有用植物を中心に、世界的にも絶滅が危惧されるキソウテンガイ、トゲオニソテツなどの多くの稀少植物も植栽・展示しています。

# 新野菜「行者菜」

行者菜生産グループ
遠藤孝太郎

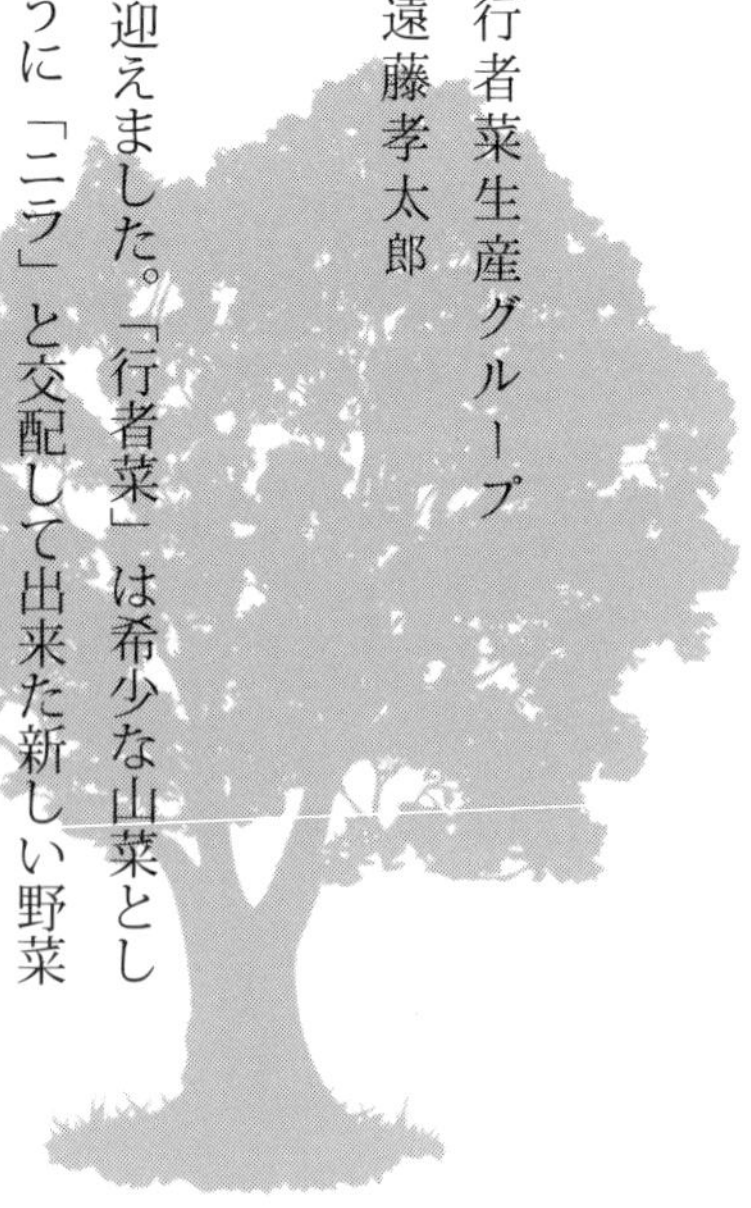

元気の出る「行者菜」の香りが家中に漂う時期を迎えました。「行者菜」は希少な山菜として知られる「行者にんにく」を手軽に食べられるように「ニラ」と交配して出来た新しい野菜でです。「行者にんにく」は栽培も行われているが収穫まで5年も要し、収穫期間も2週間ほどと、とても短く手軽に求める事ができませんでした。そこで「ニラ」と掛け合わせて生まれたのが「行者菜」です。滋養強壮の基となる香気成分「硫化アリル」が「行者にんにく」よりも強く、ビタミンもニラを上回るという両親の良いとこ取りの新野菜です。特にビタミンの中の葉酸がニラに比べて2割も多く含まれています。葉酸は細胞の活性化に効果があり妊婦さんの摂取が薦められている成分ですが、最近では認知症の予防にも役立つと言われ生産者も盛んに食べています。（その効果のほどはまだ未確認です。）

このスタミナ満点の新野菜が山形県長井市にやってきて２０１４年で9年目を迎えました。きっかけは２００５年に、宇都宮大学が主催する「大根サミット」で私たちが中心になりおこなっている、地大根「花作大根」復活の取り組みを紹介した事に始まります。発表の後、懇親

の席で「行者菜」の生みの親、藤重助教授から新しい作物（当時まだ名称が決まっていなかった）の話を持ちかけられました。後日談では、藤重氏はこの新しい野菜のデビューのための人材を捜しており、私たちのプレゼンに非常に興味を持ち、声を掛けたとの事です。その後、すっかり藤重氏の思惑にはまった私たちは何度か宇都宮大学を訪れ、育成現場を見せてもらいました。帰りの東北道はサンプルにもらった「行者菜」の強烈な香りが車に充満していました。

２００６年、私たちを含めて7人のメンバーが集まり、栽培が始まりました。「行者菜」は植え付けた翌年から収穫ができます。収穫期間は5月から9月までと長く、その間3、4回の収穫が出来るという優れものです。さらに強烈な香りからか病害虫もなく、無農薬での栽培が可能です。２年目を迎え試験販売を始めるとその機能性が話題になったものの、見た目が「にら」に似ている事から売れ行きは思ったより伸びませんでした。一度食べてもらうためには視覚に訴える必要があるという事でデザインを東北芸術工科大学へ依頼、キャラクターが出来上がりました。この「行者菜」を持った武者が見得を切っているキャラクターは大好評で翌年出荷量は倍になりました。

「ニラ」の代用品と思われがちな「行者菜」ですが、その可能性を大きく広げてくれた人がいます。長井市内で料理教室を主宰する料理研究家小野さんです。定番の炒め物からグラタン、漬物、プリンまで和洋中幅広く使える食材として数多くのレシピを開発しています。特に、株元の部分を生で「薬味」のように使うという利用法は暑い季節の麺類にぴったりで他の食材にはない「行者菜」の魅力を多くの人に伝える力になっています。

２０１２年、長井市では「行者菜等産地化戦略会議」なるものを立ち上げ、生産から販売まで私たちを強力にバックアップする体制を整えました。それに応えて面積、出荷量とも当初の7倍を目指しています。山形県内ではようやく知られるようになった「行者菜パワー」をさらに多くの人たちに届けるため地域の力を結集して発信して行くプロジェクトです。行者菜の魅力を多くの方々に体験していただけるよう、今後も精力的に活動していく所存です。

（行者菜を味わえるお店はｐ82参照）

# 誰でも楽しめるきのこ狩り

佐倉きのこ園
園長　齋藤勇人

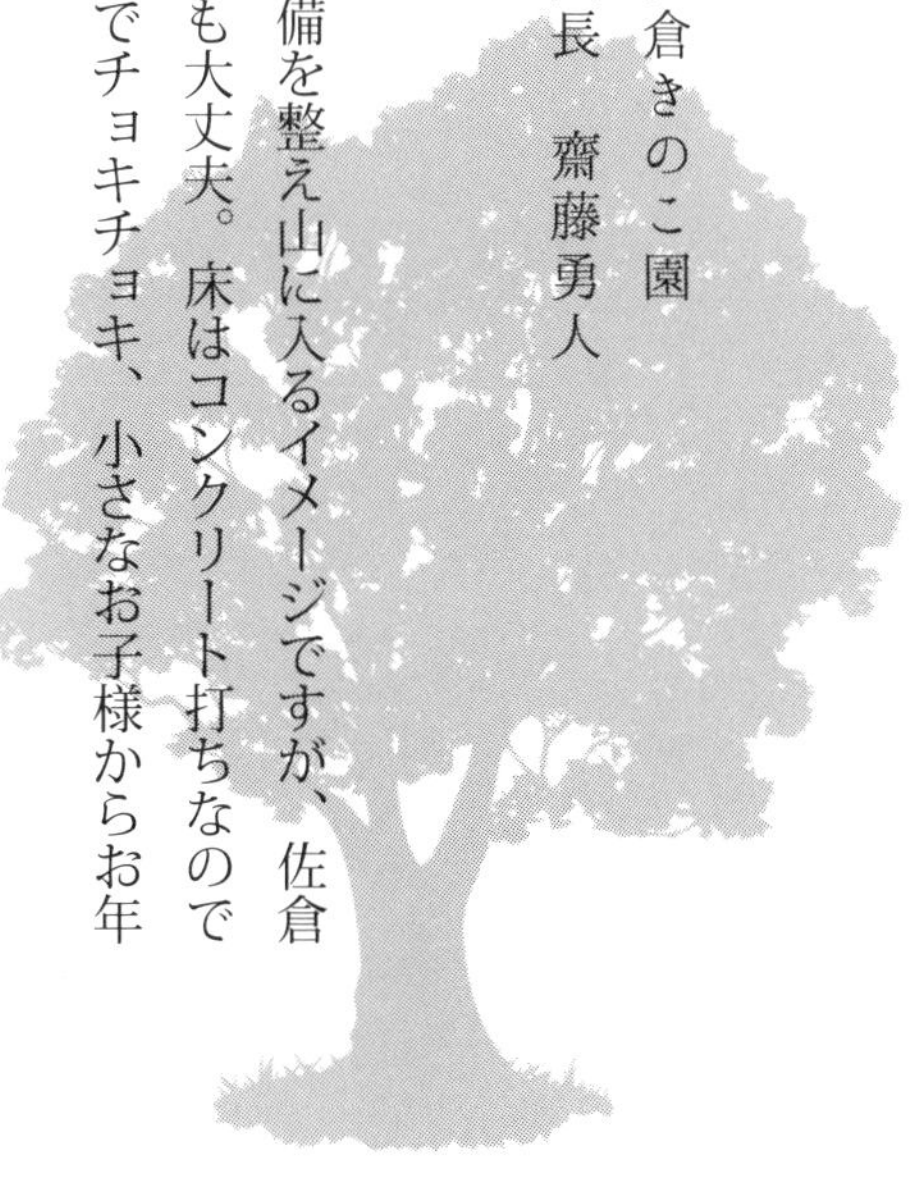

「きのこ狩り」というと一般的には、長靴に軍手と装備を整え山に入るイメージですが、佐倉きのこ園のきのこ狩りはビニールハウスの中、雨天でも大丈夫。床はコンクリート打ちなので車イスやベビーカーでも入園できます。収穫はハサミでチョキチョキ、小さなお子様からお年寄りまで気軽に１年中楽しめます。

採れるきのこは「シイタケ」。早い時間ほど大きなシイタケが収穫できます。土日は朝８時の開園時に並んでいる人も。平日の午前中は予約もできます。おいしいシイタケの見分け方は、肉厚でカサが開ききっていないものを選ぶことだ。カサが開ききると内側のヒダヒダから胞子が落ちて味が落ちてしまいます。最近は老人介護施設のデイサービスでの利用も多い。車イス用の広いトイレがあるので安心だそうだ。また、入園料、駐車料は無料で採ったきのこを１００ｇ２１６円で精算なので介助の方の料金がかからないのも魅力です。

## シイタケにも味に違いが

野菜や米の味が品種や栽培方法で違うように、シイタケも菌種や栽培方法で味がまったく違う。佐倉きのこ園のシイタケは、子どものころからシイタケが大嫌いだった私が20年前に出会った「生まれて初めておいしい」と思ったシイタケ。そのあまりのおいしさにサラリーマンを辞めてきのこ園を始めることにしました。

肉厚で歯ごたえがしっかりしていて、シイタケ独特の苦みや臭みがなく、ジューシーで甘みのあるシイタケです。ちなみにシイタケ大好きな私の母が初めてこのシイタケを食べた時の感想は「こんないおいしいシイタケは食べたことがない！のどごしもツルっとしていてとても食べやすい。」と言ったとか。

栽培方法もかなりこだわっています。シイ

タケ栽培は「害虫とカビとの戦いである」といわれていますが、害虫やカビはすべて手作業で取り除いています。殺虫剤や防かび剤、成長促進剤等は一切使用していなせん。また、シイタケの80％は水分。おいしい水で作るとおいしいシイタケができます。雨水は使わず、水質検査済みの地下50ｍから汲み上げたおいしい天然水だけで育てています。定期的に放射能検査もしているので安心安全です。

### 採りたてシイタケで炭火バーベキュー

園内には１６０名収容できるバーベキューガーデンがあります。道具は完備、食材は売店で好きなものを選ぶセルフスタイル。思い立ったら、手ぶらで気軽に、予約なしでも大丈夫。

おいしいシイタケの焼き方は、まずジクを根元から切りカサの内側を上にして網にのせ、肉汁がジュワッと出てきたら塩を振ってできあがり。
ここでしか食べられないオリジナルの無添加椎茸ソーセージやサツマイモで育てた芋ブタ、佐倉の地ビールや地酒もおすすめです。10名から利用可能な各種団体パックもあります。

**直売コーナー**

シイタケ狩りをしなくても直売コーナーで採りたてのシイタケを購入できます。切り落としのお得用からギフト用の極上品まで用途に合わせて選択可能です。地元農家の採りたて野菜やコメ、椎茸茶、椎茸羊羹、椎茸ご飯の素などの椎茸加工品もいろいろそろいます。椎茸茶の無料サービスコーナーもありますのでシイタケ狩りの後にちょっと一服してみてはいかがですか。

# きのこ研究による社会貢献をめざして

一般財団法人日本きのこ研究所
理事長　森裕美

群馬県桐生市の一般財団法人日本きのこ研究所は初代理事長森喜作によって財団法人として昭和48年に設立されて以来、有用きのこ類を対象とした広範な学術上の基礎研究及び応用研究の蓄積、シイタケなど食用きのこの栽培技術の指導・普及、きのこの啓蒙活動などを進め、きのこ産業の発展や消費拡大に寄与しています。

きのこ類は、低カロリーで風味豊か、しかもいろいろな機能性成分が含まれる自然食品の代表とされ、近年の研究成果から免疫強化、疾患回復、生活習慣病予防などがおおいに注目されています。昨今、高齢化社会が進んで健康への関心が高まる一方、食品に対する不信感を抱く事件が相次ぎ、食の安全と消費者の信頼確保に貢献することも急務となっています。また、きのこはバイオマス変換や環境汚染物質の分解、森林の物質循環（外生菌根きのこ）、有用物質の生産等の分野でも研究の進展とその実用化が期待されており、生産ばかりではなく健康機能や環境との関わりなどにも注目が集まっています。

日本きのこ研究所では「きのこ栽培における放射性セシウムの動態調査」、「きのこ類の高付

加価値化への取り組み」、「食用きのこにおける栽培技術開発に関する研究」「野生きのこの栽培法に関する研究」「高ビタミンＤ２きのこ粉末の開発」「竹チップの用途拡大に向けた調査・研究」「シイタケの成分的特徴による説明型商品開発と新しい需要創出」などの研究を行うとともに、栽培セミナーや講習会、きのこの勉強会等の開催や講師派遣、各種委員会や品評会等への人員派遣、大学や高等学校におけるきのこ関連の講義、ＪＡＸＡ宇宙農業構想へのきのこの研究協力、「新規きのこ栽培パンフレット」の作成と配布、小学校におけるシイタケの原木栽培（食育）支援、きのこの同定など、幅広い指導・普及活動を実施しています。また、近年高まっている消費者の食の安全に関する要求に対応するため、ＨＡＣＣＰシステムの考え方を取り入

有機 JAS マーク

安心認証マーク
（安心確保のためのきのこ
生産標準）

れたしいたけの生産についての生産管理システム「安心確保のためのきのこ生産標準」を提唱、認証業務も行っています。さらに「農林物質の規格化および品質表示の適正化に関する法律（ＪＡＳ法）」に規定される農林水産省の登録認定機関として生産情報公表農産物および有機農産物、有機加工食品の認定に関する業務も行っています。

　平成24年に一般財団法人へ移行後もきのこ産業の発展を通じて国民経済の発展と社会文化の向上を目指してより一層の取り組みを続けています。

きのこの用途拡大
(高ビタミン D2 きのこの粉末)

きのこ新品種の開発

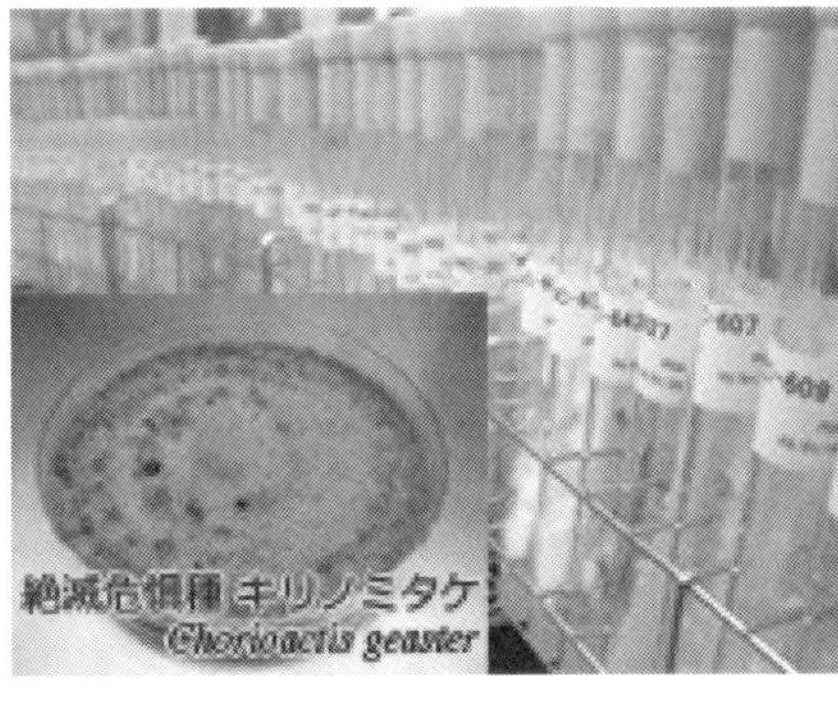


きのこの遺伝資源の
収集、保存利用

# 薬草栽培農家として

薬草を育てる会　薬草栽培農家
代表　四十九豊一

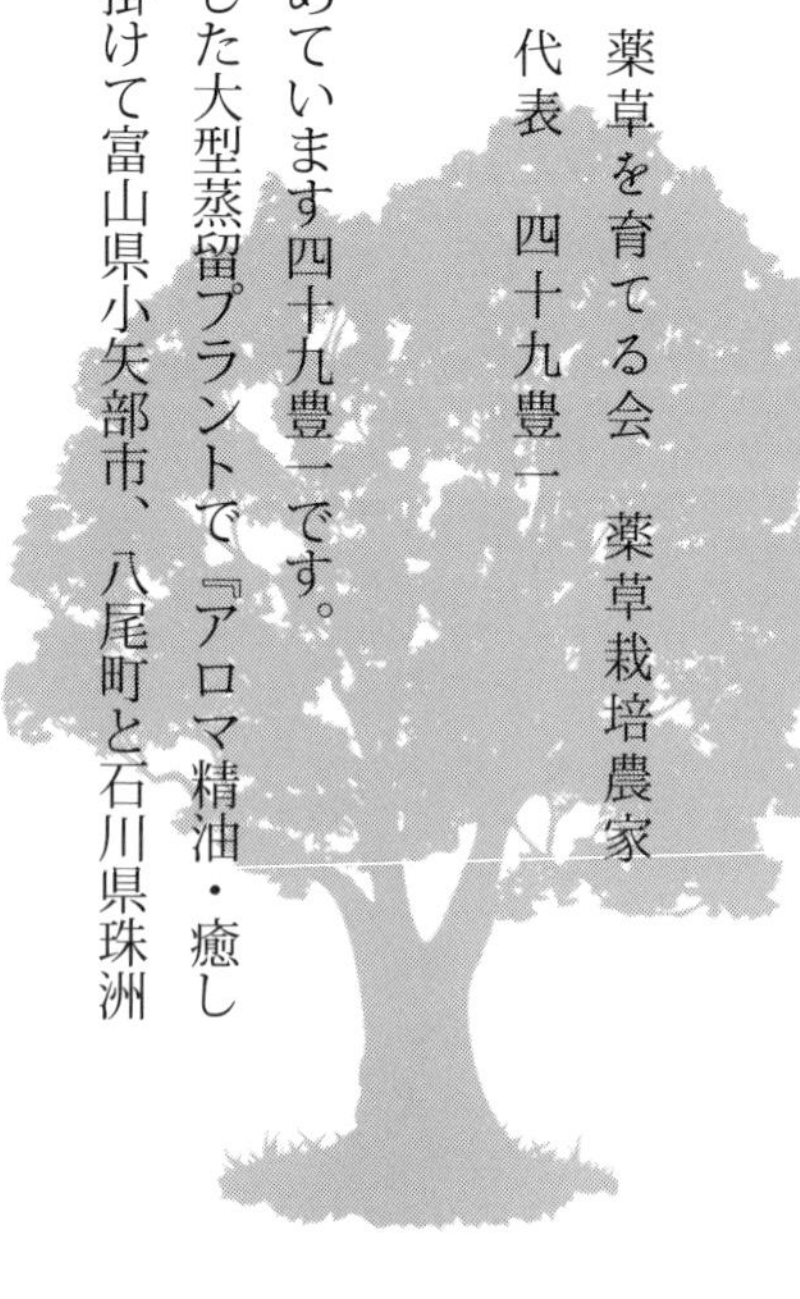

「薬草を育てる会」の薬草栽培農家の代表をつとめています四十九豊一です。

私は、石川県輪島市で独自に開発・設計・製造した大型蒸留プラントで『アロマ精油・癒し油水』を冬の期間に製造しています。春から秋に掛けて富山県小矢部市、八尾町と石川県珠洲市、穴水市で薬草の栽培をしています。

私と薬草との出会いは、今から約10年前に体調を崩し容体が悪化した母親に漢方薬を煎じて飲ませたことがきっかけでした。極度の熱中症で入院した私の母親は、回復したもののリハビリの為に、改めて入院することになりました。入院中に病院で処方された薬やリハビリが体に合わず、再び体調を崩し、入院前に63kgだった体重が38kgまで激減し、家族や親戚も誰か分からなくなり、食事は流動食、排尿は管を通じておこなうことになってしまいました。

母親本人が帰宅を望んでいましたので、家に連れ帰り、病院で処方されていたすべての薬の替わりに、漢方薬を煎じて与えましたところ、十ヶ月で見違えるように回復しました。

高齢者にとっては、化学薬品は消化吸収出来ずに、薬効が充分に発揮されないのではないかと考え、それならば漢方薬でゆっくり体調を整えた方が良いと思い、このことが「薬草栽培」をおこなう動機となりました。

その後、薬草について調べていくと、いくつかの大きな問題があることに気付きました。

一つめの問題は、日本で消費される漢方薬の原料（薬草）の９割は外国（大半が中国）からの輸入に頼っていることです。中国国内での需要の高まりもあり、日本への輸出価格は毎年高騰し続けており、原料の安定確保に懸念があります。

二つめの問題は、薬草栽培技術の問題です。漢方薬は、生薬として、大半が根っ子を使用します。根っ子は、大地の養分を5年、６年吸収して収穫されますが、栽培管理の過程で高濃度の農薬を散布すると、生薬の根はその農薬を全て吸収してしまうことになりかねません。

三つめの問題は、国内での薬草野草栽培環境です。薬草野草の生産農家が激減しています。調べて見ると育成栽培する労賃が合わないことが分かりました。

私としては、上記の問題を解決するには、自分で薬草野草を栽培して収穫することだと考える事に至りました。

５年前から薬草を栽培しているので薬草栽培に関する一

定のノウハウが蓄積されたことから、薬草を身近に活用していただくための情報提供活動と実際の薬草栽培を私自身も実施育成しつつ活動（薬草野栽培する会の人達に指導）を行う「薬草を育てる会」を立ち上げ、会員になっていただいた皆様の健康長寿のお力になっていきたいと考えています。

本資料をご一読いただき、「薬草を育てる会」に出来ましたらご参画いただき、日本における薬草（漢方薬）の普及にご協力をいただければ幸いです。

# 山菜王国ネットの構築に向けて

企業組合クリエイティブ・ユニット代表
一般社団法人ザ・コミュニティ理事
鈴木克也

## 農（生産）と食（消費）のつながり

アメリカの未来学者アルビン・トフラーは20年前に生産と消費は接近し、融合化してその境が見えなくなると述べ、それを「プロシューマー」と呼びました。

そのイメージとしてはアメリカで盛んであった日曜大工のドウ・イット・ユアセルフですが、その考え方がようやく農と食の世界でも始まろうとしています。すなわち生産者である「農」と消費者である「食」を新しい仕組みとしてつなげていこうという試みです。

もちろん、これまでにも生産されたものは消費されなければならず、農と食はつながっていましたが、この分野においては特に農業協同組合（ＪＡ）と卸売市場という流通の独特の仕組みが大きな役割を果たしてきました。最近ではそれに加えてスーパーマーケットや百貨店、それから大手食品メーカーが農と食を結ぶ大きな役割を果たすようになっていることは周知のとおりです。

しかし、それらはどちらかというと大量生産・大量流通・大量消費に適するものが中心であって、本書で取り上げるような「山菜」はその対象から外れていたといえます。ところが最近は消費者の自然志向や健康志向、ふるさと志向などの新しい流れも始まり、山菜が見直され始めており、山菜を文化・産業としてとらえられないかという考え方も現れています。それを実現するには山菜の生産と消費を結びつける新しい仕組みが必要です。

本章ではその観点から先行事例を探し、将来の山菜の文化・産業のあり方とその条件について考察します。

## 豊かな自然の恵み

日本は温帯モンスーン地域に属しており、季節の変わり目がはっきりしています。南北に長く伸びた山地の多い地形であるため、多様な山菜に恵まれています。したがって縄文時代から人々は恵まれた食生活を送ることができました。

それ以来、長い歴史の中で、地域ごとに独特の山菜採りと食文化ができてきました。しかし、いまだこの時点では野菜と山菜の区別はそれほど明確ではありませんでした。

一方、近代に入って人々が大都市に移り住み、農産物に対するニーズも高まり、多様化が進んだことにより、商業作物として大量生産に向く野菜が次々に栽培されるようになりました。

当初は都市周辺で、その後は全国規模で山菜の野菜化が進みました。きのこ類、ワサビやタラの芽、ニンニクなどは人工的に栽培されることになり、広く普及しました。

一般に「山菜」という場合、このような人工的なものはその範囲から外されますが、消費者からみますと、その境目が厳密なわけではありません。むしろ今後山菜文化を推進していくに当たってはそのボーダーのところがおもしろいと思わます。

しかし、全体としてみますと、山菜は大量生産には向かず、むしろ季節ごと、地域ごとの特異性がアピールポイントなので従来型の大量生産・大量流通・大量消費とは違う新しい仕組みの中で育成していくべきものと思われます。

## 新しい山菜文化産業の条件

山菜の今後のあり方を考えようという流れの中で、10年前の平成16年に林野庁が中心となって、「山菜文化産業懇話会」が結成され、その報告書がまとめられ、それに基づいて「山菜文化産業振興会」も結成されました。

その内容は本書で提唱している生産と消費のつながりについても十分認識されており、現在考えても非常に先進的なものでありました。しかし、現実には東日本大震災の影響もあり、必ずしも想定通り進展しているわけではありません。

「山菜文化産業懇話会」の報告書はどちらかというと生産の立場から取りまとめられており、栽培・採取の方法やその規制などが中心になっていますが、本書ではむしろ消費との結びつきについて記された最後の項に注目してみたいです。

①山菜文化振興宣言山村１００選の公募・認定
②全国山菜文化産業祭を年１回持ち回りで開催
③全国の山菜関連商品を集めたものをデパート等で紹介・販売
④各山菜振興地区毎に山の幸ガイドの登録・紹介
⑤山の幸ガイド付き山菜採り＆山の幸料理付き体験プログラムツアーの全国的コースの整備・選定
⑥観光山菜農園の整備
⑦山菜を入手できる道の駅、直売所等や山菜料理の旅館、民宿及び山菜前線等を検索できるホームページを開設する。

## 生産と消費をつなげる新しい仕組みづくり

以上は、今考えても新しい試みですが、現実にはなかなかその通りには進展していません。

その現実を踏まえました上で、新しい視点から生産と消費のつながりの仕組みづくりを考えてみたいです。その大まかな仕組みは下の図です。

それを進めるためには、生産者、消費者、ショップのそれぞれの組織化とそれら全体をコーディネートする事務局機能が重要となってきます。すなわちコーディネーターが旗を振り、まちの消費者のところに旬の山菜が集まってくるようにするとともに、消費者が積極的に山菜にかかわり、新しいものを作り出していけるだけの力を持ち、それを材料にコミュニティを形成していくような仕掛けをつくることが必要となります。

その具体的な内容を考えてみましょう。

## 1．山菜の魅力に出会える「場」の提供

まずは消費者が山菜の魅力に出会えるような「場」が必要です。その面では山菜採りを組み込

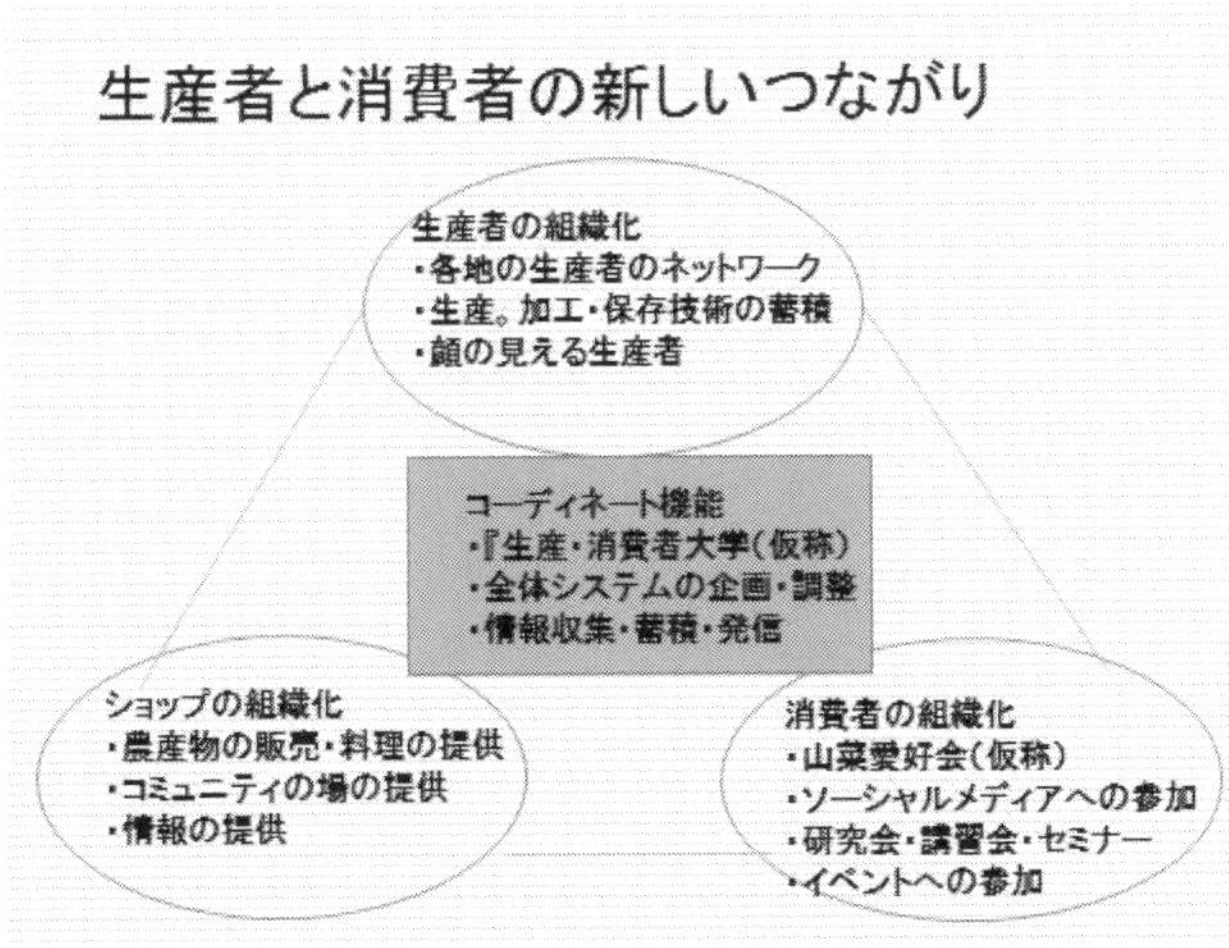
生産者と消費者の新しいつながり
生産者の組織化
・各地の生産者のネットワーク
・生産。加工・保存技術の蓄積
・顔の見える生産者
コーディネート機能
・『生産・消費者大学（仮称）
・全体システムの企画・調整
・情報収集・蓄積・発信
ショップの組織化
・農産物の販売・料理の提供
・コミュニティの場の提供
・情報の提供
消費者の組織化
・山菜愛好会（仮称）
・ソーシャルメディアへの参加
・研究会・講習会・セミナー
・イベントへの参加

んだ体験観光ツアーは有効な試みだと思われますが、もっと気軽に、日常的に山菜の魅力に出会える場が消費者の集まっているまちで実現できないかという事です。

消費者が集中しているまちなかに旬の山菜を入手したり、その場で食べられる（イートイン）ような拠点をつくることができないだろうか。できれば大都市と地方の境界に拠点をつくり、生産者と消費者が出会えるような「場」ができるとよいという構想です。もちろんこれは理屈の上では可能ですが、山菜は旬が短く、量がまとまりにくいので、何かの工夫をしなければビジネスとしては成立しにくいです。消費者に飽きられないように、常にどこかの地域の旬の山菜が入手できたり、食したりできるような「場」をつくるのが望ましいです。

## 2. 仕入ルート・販売ルートの確保

山菜の生産と消費を日常的につなぐ仕組みをビジネス感覚で構築するには、そのためのマネジメント能力が必要です。特に各地域と季節に合った産品の仕入れルートの確保が必要です。一般の流通機構からだけでは特別なことはできませんので、各地の生産者とネットワークを組む必要があります。しかも小ロットですと配送コストだけでも成り立たなくなるので、ある程度まとめた取り扱いが必要となります。その際に、売れ残ると経営的に成り立ちませんので、販売先もある程度まとめておく必要があります。それらを片手間ではできないので、コンピュータを活用して合理的に実現できるかどうかが課題となります。

## ３．「山菜愛好会」の組織化

新しい試みの一つとして山菜に興味を持っている先端的消費者（イノベーター）を組織することを考えてみる必要があります。山菜を食べたり、料理すること自体が好きな消費者はそのことだけでもコミュニケートがやりやすく、一つのコミュニティを形成することができます。例えば、インターネットのサイトの中で年会費１０００円程度の気軽な会員制度を構築し、山菜情報をたっぷり流すとともに、時々はグループで集まって新しいコミュニティをつくる。たまには生産者を招待して生の話を聞いてみる。また、機会があれば仲間を募って山菜採りに出かけるなどのイベントを持つなど。

そのような消費者の組織ができれば、山菜や山菜加工品の販売も可能になりますし、新たな商品開発の起爆剤になるかもしれません。

## ４．「山菜の生産消費者大学」の設立

それらのベースの上に山菜をテーマにした「生産消費者大学」を構想することができます。これは最初で触れました「プロシューマー」を農業の分野で実現しようという考え方です。これを本格化するためには特に資金面での何らかの工夫が必要ですが、農業関連の大学や専門学校と連携すれば実現可能です。ここで注意をしたいのはそれを学問的に実行するのではなく、

一緒にプロシューマーになっていきましょうという考え方です。

もちろん各地に散らばっている生産者と消費者をつなげるためにはインターネットや最近普及し始めたソーシャルネットを活用することが必要となりますので、その種の情報のプロを本部に設置するのがよいと思われます。

## 5．生産者の顔が見える情報の蓄積と発信

それらの大きな夢をベースにしながら、すぐ開始できることとしては、生産者自身の顔の見える情報を常時収集し、蓄積し、発信していくシステムを構築することです。

## 地域創生と新しいコミュニティ形成

山菜を切り口にした以上のような農と食のつながり実践していくことはいま日本において問題となっている地域創生の大きな方向付けにも寄与するであろうし、大都市内の新しいコミュニティづくりにも役立つものと考えられます。

山菜のふるさとである各地域ではそれぞれの地域資源として山菜を取り上げ、それを事業として、産業として育成しようとの動きもあります。「山菜王国」を名乗っている地域もいくつ

かあります。それらを各地ばらばらで展開するのではなく、お互いに連携し合って大きな流れをつくっていくのがよいのではないかというのが「山菜王国ネット」の提唱です。山菜についての情報を蓄積・共有し、定期的に「山菜王国サミット」を開催し、全国的な情報発信をしていこうという構想です。

　また、そのような活動を大都市の中でも商店街などでおこなうことによって、大都市内での新しいコミュニティ形成にも役立つはずです。

# 第2章

# 旬のとれたてを味わう

大いなる大自然は、
壮大な景色をつくりながら、
動植物を育てます。
私たちはその恩恵を受けています。
世の中がどんどん便利になるに比例して
生活が豊かになるわけではありません。

第2章では、
大地の恵みを現代社会に取り入れ、
遊び、学び、味わうための
とっておきのヒントをご紹介します。

# もっと自然を味わいたい！ エコツーリズム案内

野山に咲く、四季折々の草花たち。眩しい輝きを放つ星たち。
太陽の下でのアクティビティ。自然を遊び、自然を学ぶ。
エコツーリズムには、生活を豊かにしてくれるヒントが満載！
浅間・吾妻でもっともっと自然を味わいたい人、必見です！

採取できる時間は、正味30分です。今日のランチの材料です。手際良く、効率良く採取しましょう！

メイン料理は天麩羅です。この他に、お味噌汁、クマザサ茶、そしてお時間と空腹が許す限りお料理を作りましょう。

自分たちで作った摘み草ランチです。一体どんな味がするのでしょうか。

## 摘み草・摘み菜料理体験

## 自然教室、体験学習

学校単位でも、家族単位でも。
街の中では学べないことがたくさんある。
植物の生命力に驚いたり、コンパスを使って道を歩いたり。
子どもも大人も楽しめるプログラムをご用意しています。

## 星空体験

夜空を見上げる。
星の話を聞く。
古代や祖先に思いを馳せてみましょう。

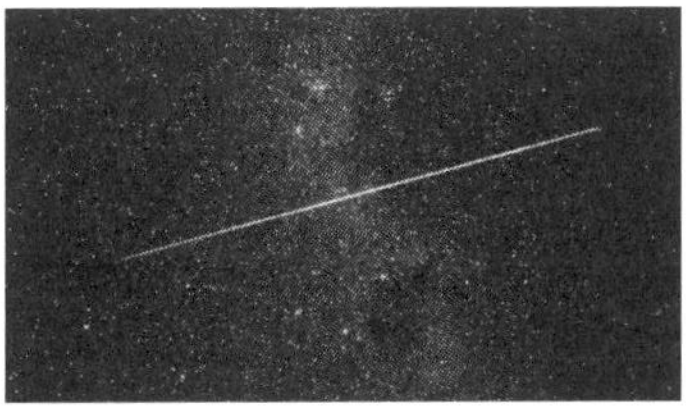

## ヨガ

大地のプラーナを感じる。
森や草原で、ヨガ。
自然界の母なるリズムと揺らぎ。
身を任せシンクロさせましょう。
癒されるだけでなく、新たな感覚
をも得ることができるでしょう。

## エコツアー資格と養成講座

エコツアーガイド養成講座、エコツアープロ養成講座、エコツアーコーディネーター養成講座を実施しています。また、経験を積めばエコツアープロデューサーの認定を受けることも可能です。

## 赤木道紘の
# 山菜料理教室開設！

最近では、アウトドアブームと同時に、自然食も人気です。
普段は何気なく通り過ぎてしまう足元にご馳走があります。
ご家庭でも気軽にチャレンジできるレシピを厳選しました！
自然と、先祖の知恵に感謝して、さぁ、「いただきます！」

### 塩麹 de ハリギリチャンプルー（3人分）

| | | | |
|---|---|---|---|
| ハリギリ | 100g | みりん | 大1 |
| 豚バラ肉 | 100g | ごま油 | 大1 |
| 厚揚げ | 1個 | かつおぶし | 1パック |
| 塩麹 | 大1 | 卵 | 2個 |
| 醤油 | 小さじ2 | | |

①食べやすい大きさに切った豚肉に塩麹をかけ、軽く和えます。

②厚揚げやハリギリを切り、フライパンにごま油を敷き、豚肉、厚揚げ、ハリギリの順番で炒めます。

③みりんと醤油で味付けし、卵を入れます。最後に鰹節を入れ、混ぜ合わせてできあがり！

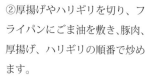

## 山椒葉味噌（２人分）

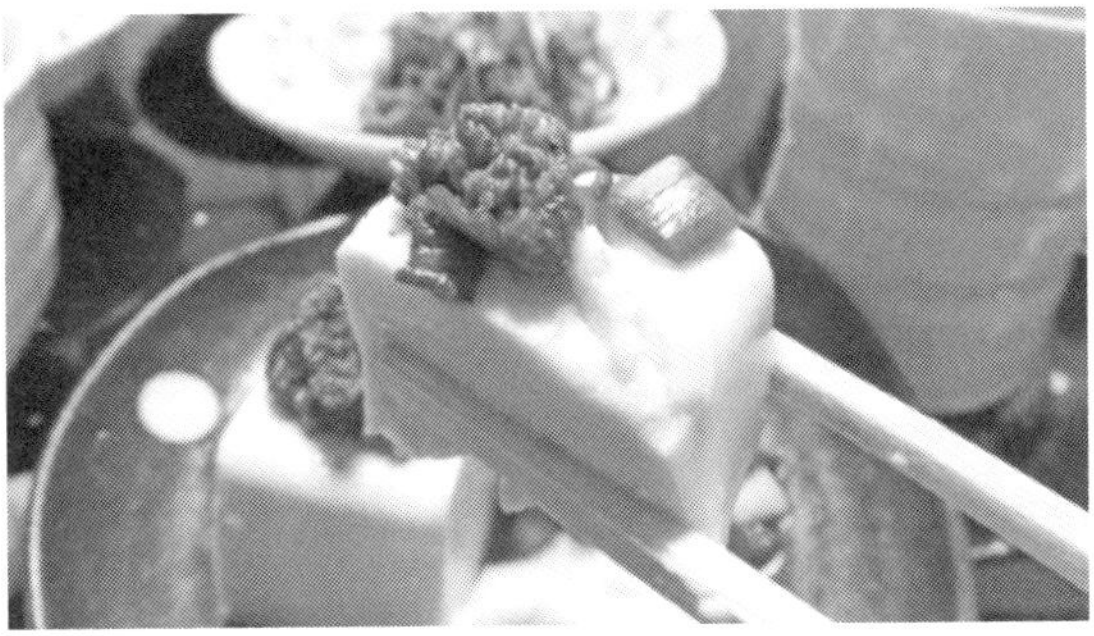

| | | | |
|---|---|---|---|
| 山椒の葉 | 15g | 砂糖 | 大１ |
| 味噌 | 75g | 醤油 | 小さじ２ |
| 酒 | 大１ | | |
| みりん | 大１ | | |

①山椒の葉は葉柄を取り除き、小葉だけを使います。これをすり鉢で擦って、調味料を合わせます。

②フライパンに入れ、弱火でじっくりかき混ぜながら煮詰めます。

③冷奴に、万能ネギと一緒に乗せてできあがり！
うーん上品な一品。

## ハタケシメジと豚肉のおかずスープ（２人分）

| | | | |
|---|---|---|---|
| 豚肉 | 100ｇ | 長ネギ（薬味用） | 適量 |
| 塩（豚肉用） | 少々 | ◎ごま油 | 小１ |
| ハタケシメジ | 適量 | ◎酒 | 大１ |
| 水 | ３００cc | ◎塩コショウ | 少々 |
| 固形スープ | 適量 | | |

①食べやすい大きさにしたハタケシメジを鍋に入れ、◎の調味料を入れ蓋をし、１０分間蒸し煮にします。

②１０分後、水と固形スープを入れて、蓋をして煮ます。

③沸騰したら豚肉を入れ、蓋をして１０分煮ます。アクを取り、塩コショウで味を調えます。薬味の長ネギを浮かべてできあがり。

## 塩麹 de きのこと豚しゃぶの黒胡椒鍋（２人分）

水　900cc
塩糀　大さじ２
醤油・みりん　大さじ２
ほんだし・顆粒　小さじ２
舞茸　１パック
椎茸・エリンギ　1/2 パック
豚バラ肉（薄切り肉）200g
長葱１本　万能ネギ４本
もやし　１パック
黒胡椒　七味

①醤油、みりん、ほんだしを合わせてだし醤油を作ります。鍋に水とだし醤油、塩麹を入れ、煮立たせます。

②きのこは手で裂いて、長ネギを斜め薄切り、万能ネギを小口切りにしておきます。

③中火にし豚肉、きのこと長ネギを入れ、蓋をします。煮立ったら、もやしを投入、黒胡椒をたっぷりと。最後に万能ねぎと七味で完成。

## 浅間・吾妻で山の料理を食体験

# 野生きのこを食べてみよう！

秋の森、足元には色とりどりの野生きのこ。野生きのこ愛好家と一緒に山に入って、きのこを観察・採取したい！
自分たちできのこ汁やきのこ料理を作り、食べてみませんか。

野生きのこマニア・赤木さん。その山のキノコの発生状況は、足を踏み入れただけで解ります。豊富なきのこ学をベースに、鋭い眼光で種を判別・同定します。

野生きのこ探しは本当に楽しいもの。まるで宝探しのようです。群生地を発見した時の喜びは他では得られないものがあります。

野生きのこは、いかにそのきのこの特性を活かして美味しく食べることができるかです。お肉も、スパイスも、そして季節の野菜も惜しみなく使います。

野生きのこはそれぞれ、旨味成分である特有のアミノ酸を含んでいます。アミノ酸はかけ合わせると数倍の旨味になることがあります。

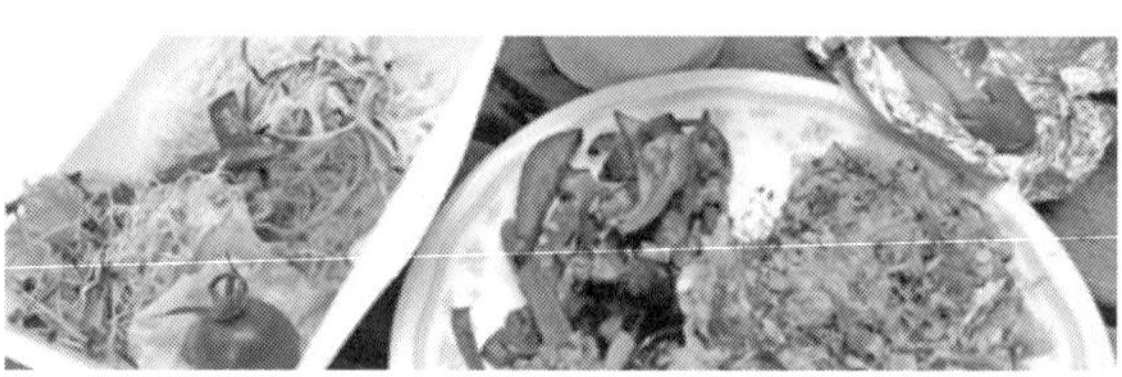

エコツーリズムの達人

## 赤木道紘さん

ＮＰＯ法人浅間・吾妻エコツーリズム協会の理事長でいらっしゃる赤木さん。今回ご紹介したレシピも赤木さんから教えていただきました。登山やハイキングだけでなく、森林浴セラピーやヨガ､体験教室やマウンテンバイクと､幅広い活動を展開してます。ふと木々や草花とたわむれたくなった時、家族でステキな思い出をつくりたい時は、浅間・吾妻を訪れよう！

**赤木道紘プロフィール**

1971年北海道生まれ。NPO法人浅間・吾妻エコツーリズム協会理事長。エコツアープロデューサー。クマゲラの声がこだまする森で自然児として育ち、スキースクール校長、ホテル支配人等を経験後、2003年より地域で各種エコツアー、野生きのこ・山菜摘み菜料理体験ツアー、森林浴セラピーツアーなどを主宰している。

〔その他の所有資格、専門性〕

日本エコツーリズム協会「このガイドさんに会いたい100人プロジェクト」の一人、群馬県知事認定群馬の達人（自然案内)、森林インストラクター、グリーンセイバー・マスター、日本樹木保護協会2級樹医、森林セラピスト、CONEトレーナー、星空案内人ほか。

**NPO法人浅間吾妻・エコツーリズム協会**

〒377-0801

群馬県吾妻郡東吾妻町原町5103番地　小池宅

TEL&FAX：0279-25-7593

緊急連絡先 携帯TEL：080-5655-3009

URL : http://ecotourism.or.jp

**東吾妻町までの交通機関**

【鉄道】（JR吾妻線 群馬原町駅）

●上野駅より上越線、吾妻線新特急草津号で約２時間10分

●東京駅より長野新幹線で約１時間20分

→高崎駅下車、JR上越線で25分渋川駅→路線バス（1時間）又はJR吾妻線（20分）で群馬原町駅

【車】

○ 東京方面から

関越自動車道､「渋川･伊香保Ｉ．Ｃ」→R 353－R 145で東吾妻町

○ 大阪・名古屋方面から

中央自動車道 - 長野自動車道 - 上信越自動車道、「上田・菅平Ｉ．Ｃ」→R 144で鳥居峠、R145で吾妻渓谷を越えて東吾妻町

飛騨で味わう極上の時間

# 四季を彩る肴の逸品

飛騨は食材の宝庫。四季を通じて美味しい食材がたくさん採れます。「飛騨季節料理　肴」の自然への愛情がつまった逸品たちをご紹介。素朴でこまやかな郷土の味覚に舌鼓を打つ。

## 春

飛騨の春と言えば山菜料理が美味しい季節。春の高山祭（4月14日・15日）を過ぎると行者ニンニク・コゴミ・花山葵・アサツキなどなど綺麗な緑色をした山菜が採れ始め、5月上旬にはタラノメ・コシアブラ・ハリキリなど木の柔らかな新芽が出てきます。5月の中旬にはモミジカサ・山ウド・ミヤマイラクサなど香り高い沢の山菜が採れます。6月下旬まで楽しむことができます。

上／楽味庵で食べる山菜料理

中／タラノメの天ぷら

下／ふき味噌

## 夏

飛騨にはまだまだ綺麗な谷や川がたくさん。7月に入ると河川の水温も上がり天然岩魚、天魚、鮎などの渓流魚達が捕れはじめます。ちょうどその頃、飛騨ではそ鮎の友釣りの解禁です。

川魚料理の中でも鮎は鮮度が勝負！店主自ら獲った天然鮎をお店で味わってみてください。

上／稚鮎山椒煮

中／天然鮎背越し

下／カジカの揚煮

## 秋

飛騨はお盆をさかえに朝晩が涼しくなります。台風や秋雨が降るたび色々な秋の妖精たちが顔を出し始めます。

山から里へと秋の便りが届き始める頃、様々なきのこに出会います。９月に入り最初に採り始める天然きのこは天然の舞茸です！　そしてマツタケ・サクラシメジ・クロカワ等々沢山の秋の天然きのこが採れ始め、10月中旬が一番のピークです！　紅葉が始まる10月の下旬までお店ではきのこ料理専門店なみの飛騨の山採れ天然きのこ料理が堪能できます。

幸せいっぱいの収穫で食欲の秋を満喫！

上／シャカシメジの炊き込みご飯　中／ホウキタケ旨煮　下／クロカワソテー

## 冬

山々が落ち葉で埋めつくされるころ飛騨にも長い冬が訪れます。農家の仕事を終えたマタギさん達はジビエ（天然猪・熊など）を追って山に入ります。肴では本当に旨い天然猪・熊などのジビエにこだわりをもって信頼のおけるマタギさんから購入し、自ら捌いてぼたん鍋をはじめこだわりのジビエ料理を出しています。

飛騨の原生林で手作りしたこだわりの燻製機で造る燻製も絶品です！　人気のぼたん鍋をはじめ天然猪のスペアリブの塩コショウ焼き・母の手造りの味噌で漬けた味噌漬け焼きや天然猪カレーなどこだわりの絶品ジビエ料理が絶品です！

上／名物・肴のぼたん鍋ご飯

中／天然猪のカレー

下／熊の背脂の刺身

●お店の詳細は p60-62

北の大地の恵みをアレンジしよう！

# ジャングル　ベジタブルの楽しみ方

都会のアイデアを加えた山菜料理もあります。北海道「ポッポ舎」から届いた新たな味覚。おしゃれに、かわいらしく、体に良いものを。

北の大地で育った山菜を、横浜在住の主婦たちのアイデアによってアレンジした「ジャングル　ベジタブル」。夕食のメインにも、ちょっとしたおやつにも対応できるからうれしい。かわいらしい山菜料理を振る舞って、家族や友人を驚かせてみませんか。「ジャングル　ベジタブル」２品とそれぞれの楽しみ方、さらに山の和菓子や炭アートをご紹介します。

## 山菜切り込みオイル漬け

山うど、蕗、わらび、こごみ、赤とうがらし、粒こしょう、山わさび、行者にんにくなどをザクザク切ってオイル漬けに。漬けこまれている間に山の美味しさがオイルにじわじわしみ込みます。

切り込みオイル漬け

250g　1200円（税込）

## 山菜切り込みオイル漬けの楽しみ方

チーズを美味しくするソース。ワインにピッタリ。
薄いビスケットにチーズをのせ、
その上に「山菜切り込みオイル漬け」をのせて召し上がってください。
ドライアロニアも添えて。
山菜の生の美味しさがダイレクトにお口にひろがります。
オイル部分を多めに使い、
にんにくの薄切り、塩、こしょうで炒めたベーコンを。
具の山菜と茹でたパスタを絡めて、
粉チーズをふりかければ「山菜ペペロンチーノ」の出来上がり。
１ヵ月以上経ったオイル漬けは、トマトと一緒に煮込んでトマトスープに。
オイルにひろがっていた山の滋味を深く味わえます。
山菜オイル漬けをひき肉にまぜこみ、ミートローフの完成。
山ワサビをタップリ塗り込んでチーズトーストにしたり、
フランスパンやクラッカーに乗せてカナッペにしたり。
ひじきの煮物も山菜オイル漬けをまぜこむと、サラダに変身。

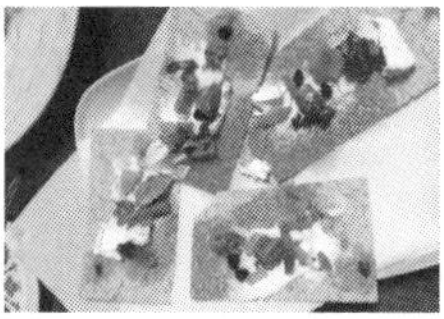

P50トマトスープ／P51左上「山菜のせチーズビスケット」、中上「山菜ペペロンチーノ」、右上「ミートローフ」、左下「チーズトースト」、中下「カナッペ」、右下「ひじきのサラダ」

## ジャムdeアロニア

アロニアは北海道などの寒い地方で採れる小実果実です。北の大地ではハスカップ、ブルーベリーなどのあと、秋も深まる頃に採れる果実です。

実は硬く渋みも強い果実です。でもちょっとの砂糖とブランデーをいれてソースにすると抜群のチカラを発揮します。抗酸化作用もあります。

健康志向だけれど、味には妥協したくないこだわり派にもってこいの一品です。

ブルーベリーの2倍以上のアントシアニンを含有、奇跡の小実果実アロニア

ジャムdeアロニア

250g　1200円（税込）

未開封時冷蔵保管は一カ月で、開封後は一週間内です。（冷凍保存可能）切り込みオイル漬け（前ページ）は未開封時冷蔵保管一ヶ月で開封後は一週間をめどにお召しあがりください。（冷凍保存可能）

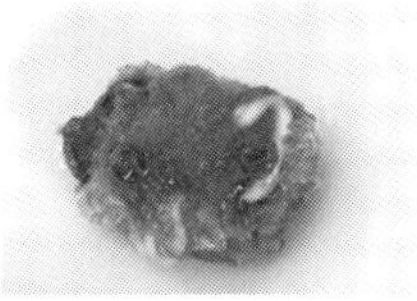

## ジャムdeアロニアの楽しみ方

市販のソースに混ぜてみて。
和風リンゴンベリーソースの出来上がり
渋みが強い小実果実なので癖の強いお肉に合います。
もちろん、ジュレやケーキの材料に。
ヨーグルトにたっぷりかけてもおいしい。
ひろげた豚肉にリンゴの細切とアロニアソースを巻き込み
フライパンで焼きあげると、一味違った料理の完成です。

## お山のおやつ

「北の鉢ボッポ舎」では、ドライ山菜作りにもチャレンジ中です。３時のおやつにほんのり甘いドライ山菜と淹れたてのコーヒーとのコラボレーションで、ほっとひと息休んでみませんか。ALL MIX(アロニア、蕗、こごみのドライ)は、50g入500円（税込）のほか、一口サイズもあります。100円(税込)

## 炭アート・盆栽

北海道の山野に自生するうばゆり、ほうの実などを焼いた天然もの。消臭効果もあります。

知床真柏などの盆栽も取り扱っています。

新たに開発した山菜

# 行者菜を味わえるお店 in 長井市

山形県長井市は行者菜の名産地。市内には行者菜を楽しめるお店がいっぱい。お気に入りの一品を探しに行こう。

行者菜＝
行者にんにく × ニラ

## ジュアン

長井市館町南 16-10-6

TEL：0238-84-1442

- ●行者菜と青トマトのジャムを使ったおきたまポークソテー
- ●行者菜と青トマトのジャムを使った馬肉のロースト
- ●行者菜と青トマトのジャムを使った魚のムニエル

## ひなた村

長井市時庭 1409

TEL：0238-84-6445

- ●行者菜味噌
- ●行者菜甘味噌
- ●行者菜入り食べるラー油
- ●行者菜入り塩麹

山形県の南部に位置する長
市は、作付面積・生産量・
産者数において全国１位。
京から新幹線で約２時間３
分、新潟から日本海東北自
車道で約３０分。

## ラーメン二段

長井市神明町 2-22-1

TEL：0238-84-7374

●行者菜たっぷりスタミナ辛そば

## レストラン道

長井市今泉 552-9

TEL：0238-55-9016

●行者菜入りスタミナラーメン

## 桃華楼支店

長井市中道２丁目７－12

TEL：0238-84-1556

●行者菜入り餃子

★行者菜料理も承ります

## あやめそば舟越

長井市舟場 5-18-2

TEL：0238-84-2754

●行者菜入りさくらそば

●行者菜入りさくらせいろ

## ベーグルポコ

長井市九野本字谷地寺 1201-1

TEL：0238-87-0370

●行者菜ベーグル（テイクアウトもできます）

※★マークがついているものについては要予約になります。

## 山形屋やじろべえ

長井市栄町 5-30-1

TEL：050-5869-7534

●行者菜と馬のスタミナ皿

## おらんだ市場菜なポート

長井市東町 7-27

TEL：0238-83-2345

●行者菜・行者菜加工品各種

## きたはら

長井市本町 2-3-6-1

TEL：0238-88-3157

●馬刺しの行者菜味噌たたき

●行者菜入りもつ煮

## 草岡ハム加工組合

長井市草岡 1141

TEL：0238-84-2329

●行者菜入りウインナー

## えんどう肉店

長井市小出 3747-6

TEL：0238-88-2860

●行者菜うまメンチ

●行者菜うまみそメンチ

## 大場肉店

長井市九野本 1238-6

TEL：0238-84-6118

●馬行者菜米（旨いよな）メンチカツ

## なごみ庵

長井市成田 1445

TEL：0238-84-7822

★行者菜入り揚げだしおから団子（米粉・そば粉入り）

## べに花

長井市中道２丁目 1-33

TEL：0238-84-5102

●米粉メンチカツ(行者菜入り)

## 中央会館

長井市栄町 7-2

TEL：0238-84-1671

●長～井フランク

★ぎょ～さんうまくてこめっちゃうPIZZA（行者菜･馬肉･米粉使用）

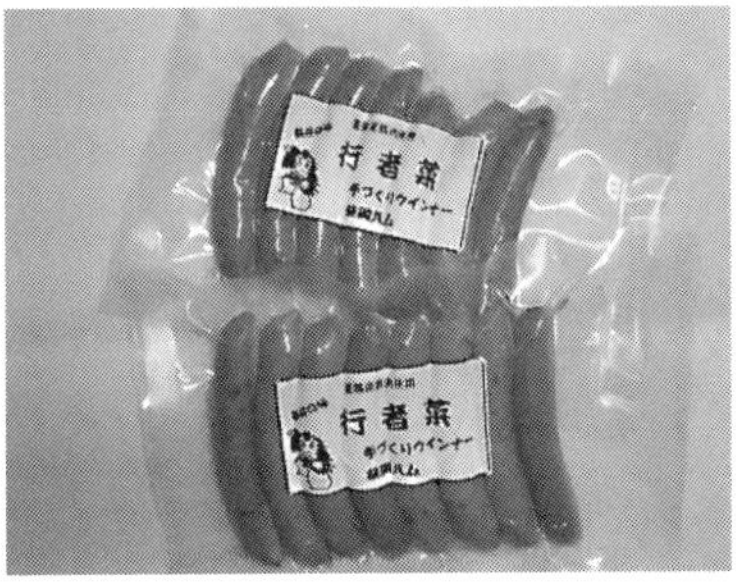

癒しを求めて大人の遠足へ

# 松原湖高原小海《こうみ》町の歩き方

旅行に行きたいけれど、定番スポットは飽きた。
ゆったりと時間が流れる空間に癒されたい。
そんなよくばりなあなたのための町、あります。

都会の喧騒を離れて、自由気ままに過ごす。山菜を求めて森の中をゆっくり歩いたり、小さな神社巡りをしたり、ぼーっと釣りをしながら、忙しく過ぎる毎日を忘れてみる。温泉に浸かりながら星を眺めたあとは、おいしい地酒をいただいて、あたたかい心の温もりを感じる。

そんな贅沢な時間を過ごせる町、小海町。大人の遠足にご案内いたします。

長野県の東部、南佐久地域のほぼ中央に位置する小海町。東町の中央を南北に流れる千曲川の左岸は八ヶ岳連峰の裾野、右岸は秩父山塊の裾野が広がる。

武田信玄の信仰が厚かった松原諏方神社。歴史の舞台となった地で、時の流れに思いを馳せてみては。

なによりも、住民の方々の笑顔が心地よい。特別な一日を演出してくれる。

わかさぎ穴釣りの解禁は年末年始。日中でも氷点下になることもあり、山の気候を体いっぱいで楽しめる。道具は近くのお店でレンタル可能。

そのほかにも、松原湖や千曲川での渓流釣りやへらぶな釣りも体験してみたい。松原湖（猪湖《いなこ》）では、四季を通して様々な釣りを楽しむ事ができる。

4月～12月　ヘラブナ　コイ　ウグイ　ヤマメ
7月～9月　オイカワ　ナマズ　イワナ　ハヤ　ブラックバス
12月～3月　ワカサギ

## 遊　わかさぎ穴釣り・釣り

### 小海町高原美術館

１９９７年7月29日開館。安藤忠雄氏設計の美術館。洗練された空間は周囲の大自然と調和し、芸術に親しむための環境を与えてくれる。画家、栗林今朝男、人間国宝で陶芸家の故島岡達三氏の作品を中心に所蔵し、特色ある企画展を開催している。

### 小海町巡り

小海町は「子産み町」。それは名ばかりではなく、「子宝」「安産」「子育て」に関わる史跡が点在しており、人々が祈願に訪れている。「子宝祈願」「安産祈願」「子育て祈願」と同時に大自然に触れることができるのが魅力。

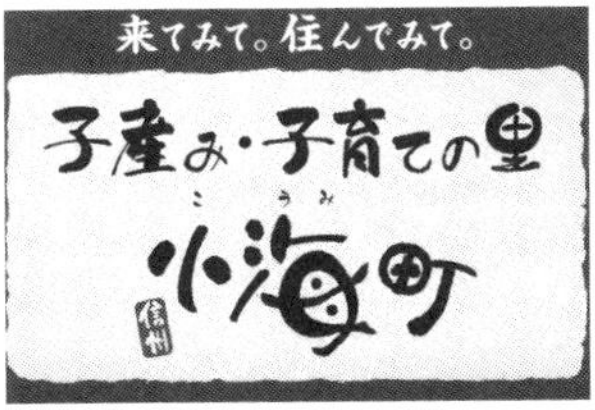

## 松原湖高原キャンプ場

八ヶ岳裾野の広大なグリーンゾーン。アカマツ林にカラフルなテントが広がる。コインシャワーや洗面所、売店などの設備に加えレンタル用品も充実。週末に気軽にでかけられるキャンプ場。家族や仲間と過ごす空の下、いつもより素直な気持ちで話が弾む。

八峰の湯の浴場は、内湯(源泉掛け流し、高温浴槽)、遠赤サウナ、露天風呂、岩盤浴と充実。

また、森林浴のコースや山菜・きのこなど旬の幸、地元で栽培された有機栽培野菜を使った食事を用意。特に地元産のそば粉を使ったお蕎麦がおすすめ。

〒384-1103 長野県南佐久郡
小海町大字豊里 5918-2
TEL:0267-93-2539
FAX:0267-93-2520
メール :kaihatukousya@koumi-town.jp
HP:http://www.koumi-town.jp/kousha/

泊

## 宿泊施設

| | |
|---|---|
| 稲子湯温泉 | 南佐久郡小海町 稲子 1343 TEL:0267-93-2262 |
| 松原湖高原ホテル | 南佐久郡小海町豊里松原 4324 TEL:0267-93-2723 |
| リゾートイン立花屋 | 南佐久郡小海町松原湖 TEL:0267-93-2201 |
| ファミリーロッジ宮本屋 | 南佐久郡小海町松原湖畔 TEL:0267-93-2432 |
| 釣り宿 佐久屋 | 南佐久郡小海町大字豊里 TEL:0267-93-2221 |
| ペンション アルニコ | 南佐久郡小海町松原湖畔 4941 TEL:0267-93-2122 |
| 民宿 大すみ屋 | 南佐久郡小海町大字豊里 4160 TEL:0267-93-2717 |

## 小海町までのアクセス

車　＜新宿方面（中央高速）より＞●須玉 I.C→国道 141 号（清里・野辺山経由）43Km→松原湖／●長坂 I.C→清里高原有料道路→国道 141 号（野辺山経由）38Km→松原湖＜練馬方面（関越道～上信越道）より＞●佐久南 I.C→国道 141 号（臼田経由）35Km→松原湖＜静岡方面＞●御殿場廻り　国道 138 号→東富士五湖道路→中央高速→須玉 I.C→国道 141 号（清里・野辺山経由）43Km→松原湖●富士市廻り　国道 139 号→国道 358 号→国道 20 号（または中央高速・甲府南 I.C）→須玉 I.C→国道 141 号（清里・野辺山経）43Km→松原湖●清水市廻り　国道 52 号（甲西バイパス）→国道 20 号→韮崎→国道 141 号（清里・野辺山経由）54Km→松原湖＜長野県内近隣より＞●国道 141 号「松原湖入口」信号より 2Km＜関西・中京方面より＞●中央高速→長坂 I.C→清里高原有料道路→国道 141 号＜野辺山経由＞ 38Km→松原湖

電車　＜東京・上野方面より＞●長野新幹線（1 時間 15 分）→佐久平駅→小海線（45 分）→小海駅＜新宿より＞●中央線（2 時間）→小淵沢駅→小海線（1 時間）→小海駅＜名古屋より＞●中央西線（2 時間）塩尻駅→中央東海（40 分）小淵沢駅→小海線（1 時間）→小海駅

★小海駅

お買い物、お食事に便利。JA の ATM, 八十二銀行の ATM や病院もあり。

★松原湖駅

最寄り駅。松原地区まで約 2 キロ。徒歩の場合は急な上り坂を登ること 40 分ほど。町営バス停「松原湖駅入口（南口）」まで 150 メートル。そこからバスに乗ると 6 分で到着。周辺はお店もない小さな無人駅。のんびりとしたローカル線の旅がご希望な人にはおすすめ。

★冬の登山客の皆様へ

12 月から 4 月までの冬の期間、登山口近くの稲子湯までのバスは運休。

冬登山をされる方はタクシーのご利用を。

様々な資源を活用した町おこし

# 東栄町山菜王国プロジェクト

平成24年7月から商工会が中心となり、東栄町の自然・知恵・人・休耕地など様々な資源を活用しもっと町を元気にしようというプロジェクト。

休耕地を活用し、山菜を山採りから栽培へ……。そんな思いから始まったプロジェクト。

山菜栽培者との連携づくり、山菜畑の拡大、特産品の開発、体験ツアーや料理企画などさまざまなアイディアがみられる東栄町での取り組み、遊べるスポットをご紹介。

愛知県の東北部に位置する東栄町。明治以降、馬、養蚕、木材の産地として三河杉とその名を馳せ、明治以降100年にわたって町の繁栄を支えてきた。

また、「花祭」は国の重要無形民族文化財に指定されており、東栄フェスティバルの際には多くの人が訪れる。

豊かな自然と人々の魅力はあなたを別世界へと運んでくれる。

休耕地で山菜の露地栽培をおこなっている。タラ、フキ、ワラビ、ウド、サンショウ、コシアブラといった山菜を植え付けし、山菜畑の拡大を目指す。今後は山菜の摘み取り体験なども展開していく。

## 露地栽培

石窯職人の指導のもと、ばらして組み立てられる石窯として利用している。東栄町の自然が育んだ食材を使用した石窯ピザ焼き体験は大好評。廃校となった小学校に石窯を設置し、地域のイベント等で活用している。

## 石窯の活用

活

## 室内栽培

東栄中学校の旧講堂を利用して、太陽光ＬＥＤライト、太陽光温水器、薪ボイラーなどを駆使し、室内栽培実験をおこなっている。現在はタラ、フキ、コゴミ、ギボウシ、ワラビなどを栽培している。

また、山菜だけでなく、シイタケの菌床栽培を高齢者生産活動センター内で始めている。精進料理の先生を招き、シイタケを使った料理教室の実施、飲食店・保育園・小中学校・配食サービスでの利用の試行をおこなった。

山菜の室内栽培が可能か、これからの展開に大きな期待がもてる。

## モニターツアー

東栄町ではユニークなモニターツアーも多く開催されている。

東栄町を訪れ、豊かな自然に触れ、おいしい食事をし、温泉に入る……。まさに至福のひと時が待っている。

とうえい山菜王国研究会、東栄町地域おこし協力隊が企画し、燈栄隊が盛り上げるモニターツアー。

さつまいも・里芋掘り、石窯ピザ作り体験、餅つきなどどこか懐かしさを感じることができる。様々なツアーを展開しているため、誰でも気軽に参加しやすいことも人気のヒミツだ。

花祭の時期には伝統行事にふれることもでき、まさに「五感で楽しむ東栄時間」のモニターツアータイトルそのもの。

東栄町の魅力を丸ごと体験できるツアーに参加してみては。

## 東栄町までのアクセス

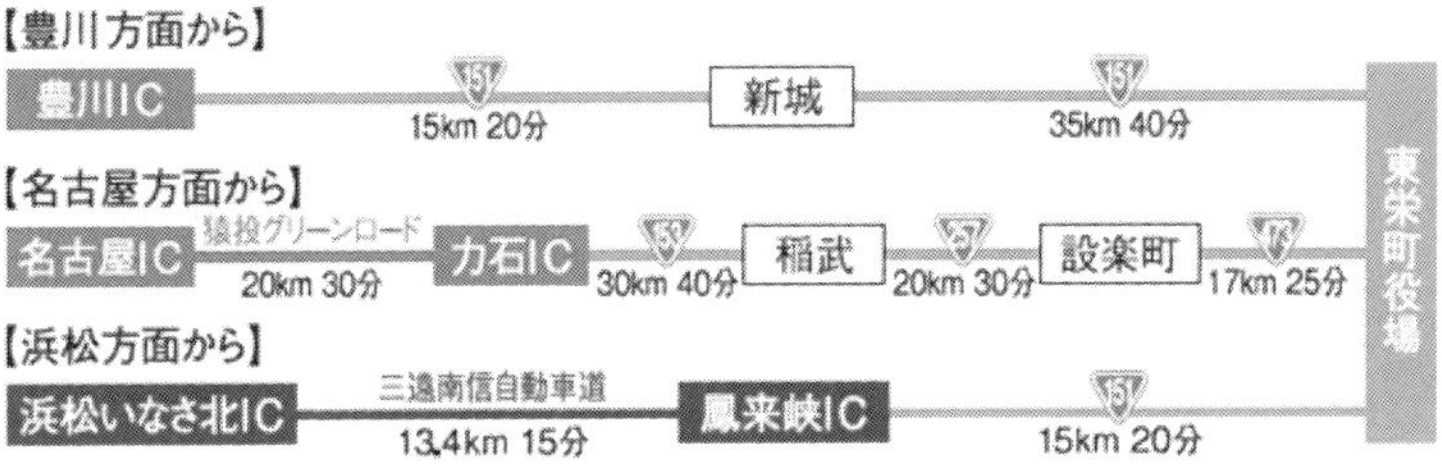


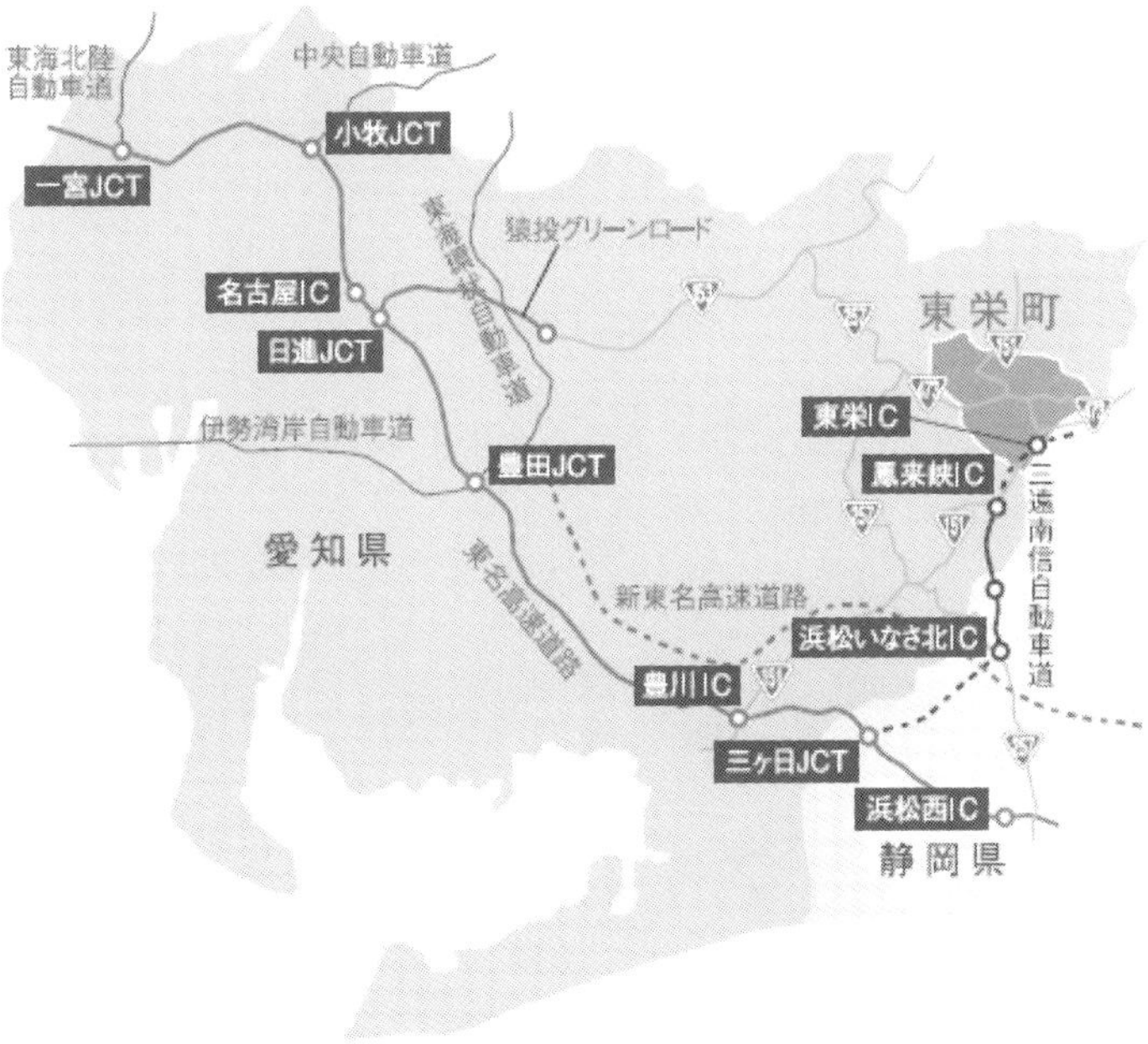


［お問い合わせ先］

とうえい山菜王国研究会（東栄町商工会）

☎ 0536-76-0530

眺めて、食して、四季を楽しむ

# 明知鉄道　グルメ食堂車

80年の歴史をほこる明知鉄道。季節の風景を楽しみながら、おいしい地元の味覚を味わえる食堂車の魅力にあなたも虜になるはず。

岐阜県恵那市の恵那駅から明智駅を結び、住民の交通手段としても欠かすことのできない鉄道でありながら、観光客を呼び込む試みもおこなっている。

人気が高いのは、グルメ食堂車。季節ごとの旬を味わえ、風景を楽しむことができる癒しの旅にでかけてみては。

山菜列車、きのこ列車、じねんじょ列車、枡酒列車、ちゃりんこ列車、気動車体験運転……。実に様々な種類のイベントをおこなっており、都会ではあまり感じる機会の少ない季節感をゆっくり感じることができる明知鉄道。

ぜひ家族や友人、恋人など大切な人と訪れてほしい。

# 乗

## おばあちゃんの山菜弁当列車

「おばあちゃん市山岡」の手作り弁当。山菜がふんだんに入った弁当は彩り鮮やかで食欲をそそられる。恵那駅から明智駅を1時間程度で走行し、ひとり2400円というお値段も魅力のひとつ。走行は5月。

## じねんじょ列車

じねんじょは昔から滋養強壮や疲労回復によいとされ、冬の大切な食材としてこの地域でも親しまれてきた。日本古来から自然に山に自生していたそのパワーをおいしくいただける。走行は12月から3月。

## きのこ列車

秋の味覚、きのこ。そんなきのこを思う存分楽しむことができるのがきのこ列車だ。マツタケ、イクチロージなど地元で採れた様々な種類のきのこづくし料理を堪能できる。秋の訪れを感じられる料理に時間を忘れて舌鼓。走行は9～11月。

## 寒天列車

明知鉄道の駅もある恵那市山岡町は細寒天の生産量日本一。国内生産量の70％を占めている。そんな地域の名産の寒天が懐石料理としてアレンジを加えられ、いただける。ダイエットの味方の寒天たっぷりの料理は女性に嬉しい。走行は4月～9月。

遊

## ちゃりんこ列車

自転車ごと列車に乗り込み、沿線の名所をサイクリングしながら楽しめる活動。

ぜひ親子で自然の中を自転車で駆け抜けてみませんか？

開催日時　４月から 11 月の毎月第２土曜

参加資格　小学校４年生以上（未満の場合保護者同伴）

参加費用　大人（中学生以上）1500 円

子ども（小学生以下）1000 円

持ち物　弁当、水筒、自転車、ヘルメット、冒険心

祈

## 合格祈願列車

日本一急勾配は駅『飯沼駅』と日本で二番目に急勾配な駅「野志駅」がある明知鉄道。

線路に砂をまくことで急勾配な駅でも「すべる」ことなく発車する。

そんな列車にあやかって合格祈願にでかけてみては？

発売期間　12 月～３月

発売場所　明知鉄道恵那駅、岩村駅、明智駅

祈願札　1000 円（合格祈願札）

祈願切符　190 円（入場券）

# 明知鉄道路線図

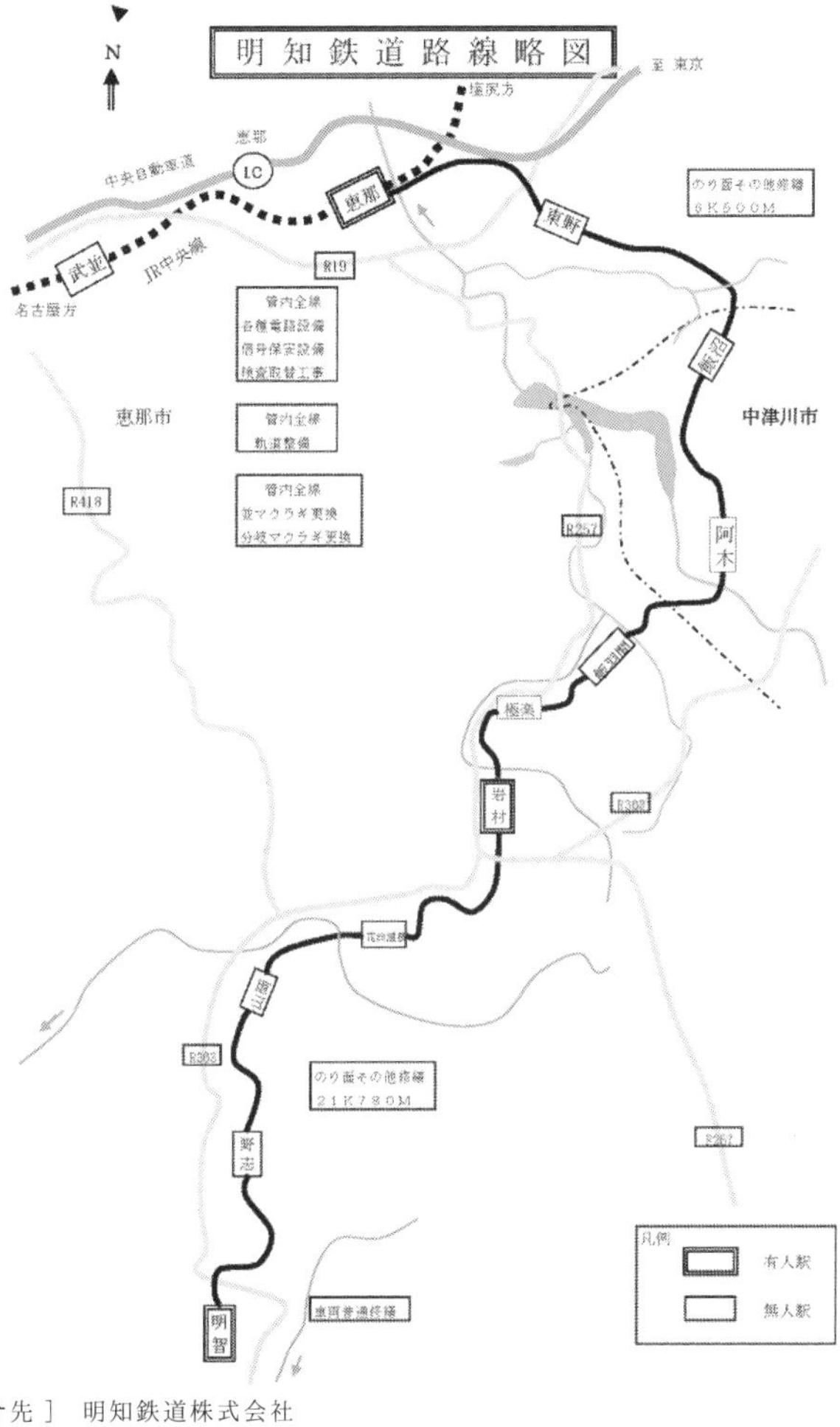


[お問い合わせ先]　明知鉄道株式会社

〒 509-7705 岐阜県恵那市明智町 469-4　☎ 0573-54-4101

炭焼三太郎の

# 山菜紹介

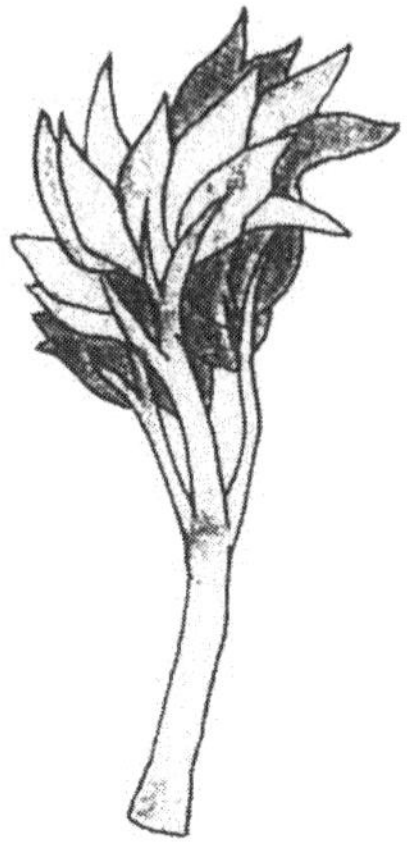

**アシタバ**　葉と茎を食用にする。味に独特のクセがあるため、多少クセを殺す調理法がとられる。また、近年は健康食品としての人気も高まっている。

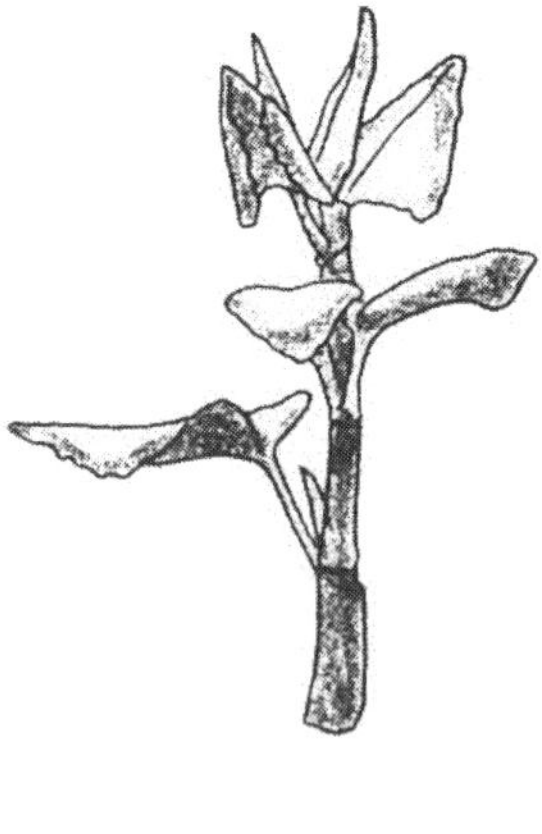

**イタドリ**　若い茎はやわらかく、皮をむいて生でも食べられる。民間薬としても使用されており、痛みがやわらぐとされている。これがイタドリの名前の由来でもある。

**ウド**　若葉、つぼみ、芽および茎の部分を食用とする。スーパーなどで見られる白ウドは日の当たらない地下で株に土を盛り暗闇の中で栽培する方法によるもの。山ウドは自生しているもので、アクが強い。

**オオバコ**　日本全土に生育している雑草のひとつである。葉や種子は咳止めの薬になり、生薬として使用されている。

**カンゾウ**　醤油の甘味料として使われていることが多い。また、漢方薬で使われている生薬でもある。

**セリ**　別名、白根草。土壌水分の多い所や水辺の浅瀬などに生育することが多い、湿地性植物。春先の若い茎を食用とする。春の七草のひとつである。

**ゼンマイ**　水気の多い所に生育している。新芽が平面上の螺旋形（渦巻き形）になる。佃煮やおひたし、煮物などで食べられる。食用の他にもゼンマイの綿毛を使用した織物もある。

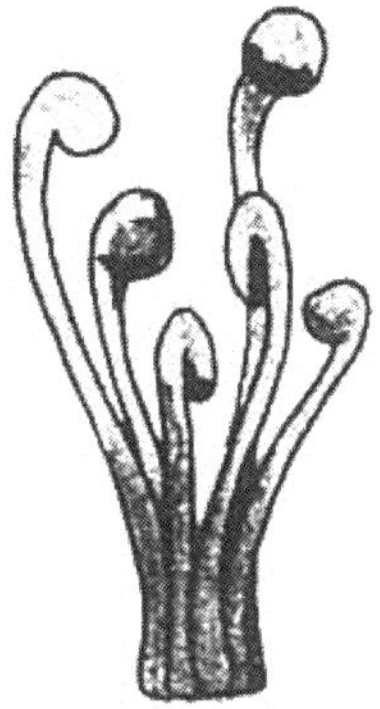

**タラの芽**　新芽の部分を山菜として食用し、天ぷらにして食べたことがある方も多いのでは？　天然ものは春から初夏にかけて収穫でき、ハウスものも多くあります。

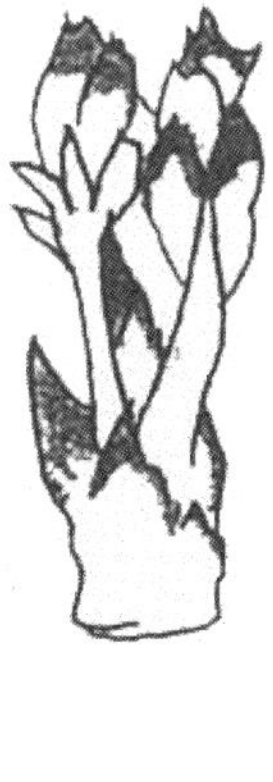

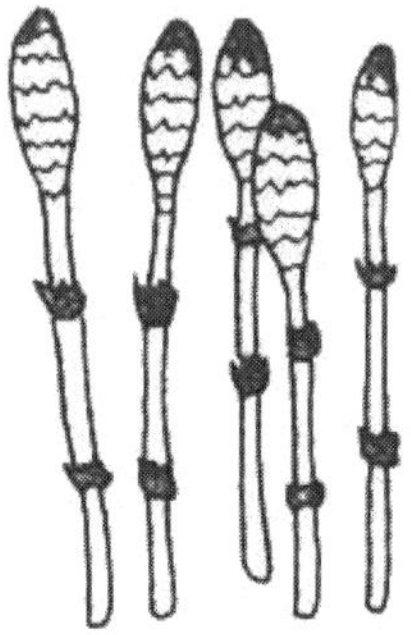

**ツクシ**　スギナという植物の胞子茎。スギナは川土手や田んぼ、原っぱなどに生育する雑草の一種。秋には枯れてしまうが、地下茎や根は生きていて、そこから翌年にまず生えてくるのが、胞子をつける特別な茎（胞子茎－ほうしけい）であるツクシです。アクを抜き、煮たり、佃煮にして食べられる。

**ツリガネニンジン**　釣鐘状の花形と朝鮮人参に似た根と葉の様子から名付けられました。春の若い芽は、山菜のトトキとして食用にされる。おひたしにすることが多い。

**ナズナ**　別名ペンペン草、三味線草。田畑や荒れ地、道端などいたるところで生育する。小さいころに葉で遊んだ経験のある方も多いのではないでしょうか。

春の七草のひとつで若苗を食用にする。

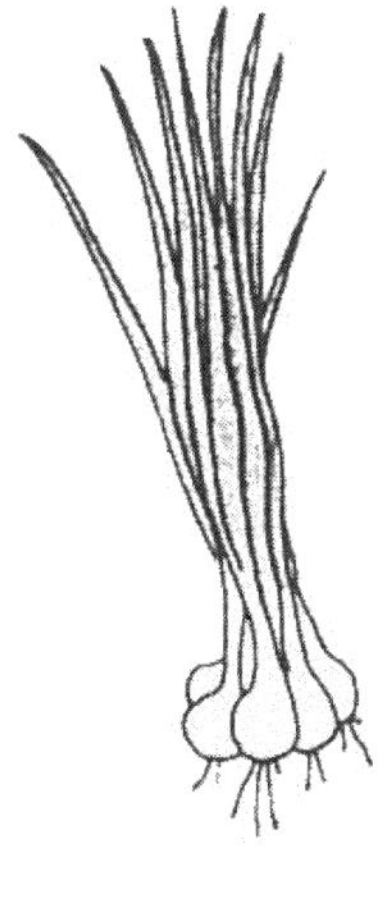

**ノビル**　葉と地下にできる鱗茎が食用となる。玉ねぎに似たからみと香りがあり、生でも食べられる他、みそ汁に入れたり、薬味としても食べられている。

北海道医療大学薬学部　薬用植物園・北方系生態観察園
准教授　堀田清先生が教える

# 山菜豆知識

## ウコギ科（Araliacea）の山菜

ウコギ科の植物たちに中で最も有名なのが、通称、チョウセンニンジン（正式名称は、オタネニンジン Panax ginseng）とトチバニンジン（Panax japonicus）。

両者ともに日本薬局方収載医薬品であり、漢方方剤に配合される重要な薬草です。特にチョウセンニンジンは、滋養強壮効果が高く、古来より重宝されてきました。中国最古の薬草書である神農本草経の上品（無毒で長期服用が可能な養命薬）にも収載されている重要な薬草です。ということで、ウコギ科の山菜もまた人の健康状態を良好にするものが多いのです。

北海道に自生しているウコギ科の山菜としては、ウド、タラノキ、エゾウコギ、コシアブラ、ハリギリがあります。

## ウド（独活《どっかつ》）Aralia cordata

独活「神農本草経　上品」
薬用部分　根茎
性味　辛、苦、温
帰経　腎、膀胱
薬効と主治　風を除き血を和する
祛風湿、止痛、通経絡
『中薬大辞典』　小学館より

ウド（独活）は、日本人の多くに知られ愛されている山菜の一つでしょう。しかしながら、列記とした薬用植物であることを知っている人はそれほど多くはないのではないでしょうか。中国最古の薬草書、神農本草経の上品にも収載されている立派な薬草です。薬用部分は根茎、つまり酢味噌和えにして食べる＝漢方薬を食べている！ということになるのです。

重要な薬効は、風邪《ふうじゃ》を除き血《けつ》の巡りを改善する。それと、祛風湿《きょふうしつ》（風邪と湿邪を取り除く）です。一言で言えば、体の中に溜まった余分な湿気を取り去るということです。

ウド全てを食することができますが、私のお勧めは茎。表面のとげとげ部分を取り去った瑞々しい茎を割いて、新タマネギ、サクラエビかホタテの貝柱と合わせ、かき揚げにして美味しい塩をかけて食べると絶品です。

また、茎葉を５㎝ほどに刻み陰干しにしたものを浴湯剤として用いる（牧野和漢薬草図鑑、北隆館）と肩こりなどに効果があるとされています。

## ユキザサ（雪笹）Smilacina japonica

ユキザサ（雪笹）（小豆菜）　鹿薬「千金食治、５８１年」
薬用部分　根、根茎
性味　甘・苦、温
薬効と主治　気を補い腎を益す、風を去り湿を除く
　　　　　　血を活かし経を調える

『中薬大辞典』小学館より

植物名はユキザサ（雪笹）。ユリ科の植物。葉は笹に似ていて花が粉雪を散らしたように咲くことからこの名がつけらました。山菜名はアズキナ（小豆菜）。秋になると小豆のような真っ赤な果実をつけることからこの呼び名があります。

北海道内ではフツウ野原の中に自生していますが、本州では、亜高山地帯まで登らなければ見ることのできない高嶺の花です。

『北海道山菜・木の実図鑑』山岸喬著　北海道新聞社

茹でると緑色が濃くなり、独特のうまみがあるので人気山菜の1つです。

くせのない甘味のある新鮮な若芽、葉にはホウレンソウの3倍以上のビタミンCが含まれているとされ、健康維持増進にもかなり期待できる山菜の1つです。

また、真っ赤に熟した果実をつぶさないように摘み、2~2・5倍量のホワイトリカー、ドライ・ジンなどに漬けて3~4ケ月熟成させると赤いステキなリキュールになります。


『食べられる野生植物大辞典』 橋本郁三著 柏書房

## オオアマドコロ（大甘野老）Polygonatum odoratum var. maximowiczii

オオアマドコロ（大甘野老）
玉竹「呉晋本草」
薬用部分　根茎
性味　甘、微寒
帰経　肺、胃
薬効と主治　陰を養う、乾を潤す、煩を除く、止渇する、熱病陰傷、咳嗽煩喝、熱病陰傷、咳嗽煩喝、過労による発熱、消穀易飢、頻尿を治す

『中薬大辞典』小学館より

オオアマドコロの仲間（アマドコロ、ナルコユリなど）の根茎（地下部分）は、甘く、乾燥させると使用強壮効果のある薬草となります。（ただし、強心作用のある成分が含まれているので、食べ過ぎには注意。）

雪解け後に地上に顔を出す若芽は真っ赤な皮をかぶっていますので、すぐに分かります。そして、この若芽も甘い！個人的には、良質のグリーンアスパラよりも甘く美味しいと思っ

ています。生のまま、天ぷら、油いため、卵とじなど、どんな料理を作っても美味しい山菜の1つです。

赤い衣を脱ぎ捨てた緑色の若芽は、アズキナや毒草のホウチャクソウに似ています。

山菜のオオアマドコロとアズキナ、それから毒草のホウチャクソウの区別が重要です。

## ギョウジャニンニク(行者大蒜)Allium victorialis ssp. platyphyllum

ギョウジャニンニク（行者大蒜）
茖葱「千金食治、５８１年」
薬用部分　鱗茎
性味　辛、微温
薬効と主治　瘴気悪毒を除く。その種子は泄精を主る。

『中薬大辞典』小学館より

　ユリ科植物で修行中の行者が食べていたことからついた名前。数ある山菜の中で最も知名度が高いかもしれません。ニンニク、ネギ、ニラなどと同じ仲間です。ですから、ニンニク臭の嫌いな方は得意ではないでしょう。

　独特の香りのする山菜ですが、その新鮮な葉にはホウレンソウの2倍以上のビタミンCが含まれていますから、栄養価の高い山菜の1つです。

　完熟した黒い種子も薬効がちゃんとあるのです。ただ、1粒の種から2枚の葉になるまで5年以上、花を咲かせるまでに10年以上かかるとされていますので、節度を持った山菜取りが望まれます。

## タラノキ Aralia elata

タラノキ（タラノ木）葱木皮
薬用部分　樹皮、根皮
性味　辛、平
薬効と主治　気を補い精神を安らげる、精を強め　腎を補う、風を去り湿を除く、風を去り血を活かす

タラノキもまたウコギ科の植物で薬草です。薬用部分は樹皮、根皮で楤木皮《そうぼくひ》と呼ばれます。
薬効としては、漢方で最も大切な気を補い精神を和らげ、精を強め、身体から風邪、湿邪を取り去り、血の巡りも良くします。

『中薬大辞典』小学館より

まあ、チョウセンニンジンのようなものでしょう。
日本の民間薬ではタラ根皮の煎じたものを「たら根湯」と称し、糖尿病に効果があると

されているそうです（漢方のくすりの事典、鈴木　洋著、医歯薬出版株式会社）。また、トゲを煎じて飲めば、高血圧にも効果があるとされています。『漢方のくすりの事典』鈴木洋著　医歯薬出版株式会社

山菜として用いられるのは、樹皮や根皮ではなく、新芽部分ですので、同じ効果があるかどうかは分かりませんが、そこはウコギ科の植物ですから何か健康増進に効果がありそうです。

ただ、山菜好きの方の多くは天ぷらにして食される方が多いので、健康に良いからといって食べ過ぎると油のとりすぎで、中性脂肪の増加、肥満にもつながりますから、食べ過ぎにはご注意です。

なにごとも過ぎたるはなお及ばざるが如し！デス

# 第3章

# 山菜のふるさとを訪ねて

日本各地には「山菜のふるさと」
と呼ばれる産地が数多くあります。
気候・風土の違いや長い歴史の中で
独自にはぐくまれた食文化があります。
そういった「山菜のふるさと」が
個々に活動するのではなく、
お互いに提携し合って、
共同の情報発信や交流が
できたら素晴らしいですね。
本書で提唱する「山菜王国ネット」
はそのような夢をもっています。
第3章では
各地の取り組みの様子を紹介します。

# あきた元気むら　山菜王国

## 秋田県横手市三又《みつまた》営農生産組合

Akitaken yokote-shi

奥羽山脈と出羽丘陵に抱かれる横手市は、まさしく「山菜王国」です。山里の豊かな自然に恵まれ、春の山菜から秋のキノコまで、数々の山の幸が味わえます。また、昔から冬場の保存食として「いぶりがっこ」づくりが盛んで、大根のいぶし方から漬け方まで、家々ごとに〝秘伝の技〟が受け継がれています。

　その横手市内の中には、山深く、自然豊かな山内三又地域は山の恵みを活かし、ワラビ狩りを楽しむための三又営農生産組合による「三又観光わらび園」（ワラビ2時間採り放題！）があります。標高300メートルほどの里山の一角に、大きく開けた草地が広がっていて、山焼きをしてたっぷりと栄養が与えられた約２ヘクタールの斜面には、採りきれないほどの天然のワラビが〝おがって（育って）〟います。毎年、東北各地のワラビ園に行くという参加者もこれほどたくさんのワラビが育っているのを見たことがないと言っています。小さなお子様も袋いっぱいに収穫することが可能で、採ったワラビはあく抜きをした後にお土産としてお持ち帰りいただけます。タバコやトマト、山内ニンジンなどの栽培が盛んですが、農家のお母さんたちでつくる「三又旬菜グループ」が、採れたての山菜や本場の「いぶりがっこ」など首都圏へ直送し、全国のグルメ達をうならせています。

三又わらび園　（２.０ヘクタール）

住　所　横手市山内三又字柵台地内

問合せ　三又営農生産組合　石沢英夫　０１８２−５３−５１２８

# 山形最上山菜王国

## Ymagataken shinjo-shi

山形県新庄市最上山菜協議会

新庄市は蔵王、月山、鳥海、吾妻、飯豊、朝日などの山々に囲まれ、最上川が県内を縦断し、自然豊かな食材の宝庫です。この豊穣の大地で育まれた穀物や野菜、山菜をはじめとする食材は、様々なカタチで私たちの食生活を彩ってくれ、どれ一つとっても、素材から吟味され、手塩に掛けてつくられた品物ばかりです。

最上地域では新緑のすがすがしい春の季節の山菜が最高です。最上の里山にも山菜の季節が到来するとわらびが最盛期となります。

山形最上山菜王国は、最上山菜協議会で運営されていますが、消費者との交流を促進し、積極的に対面販売をおこなっています。自然の恵みである山菜を中心とした農産物加工品をより多くの方々に、よりおいしく召し上がっていただけるように、消費者に支持される加工品の提供に努めています。

最上地域山菜加工関係団体連絡協議会　（新庄市）

# 山菜王国いわいずみ

Iwateken iwaizumi-tyo

岩手県岩泉町
株式会社岩泉産業開発

岩手県岩泉町は広大な山々、新鮮な空気、澄んだ水に恵まれた、全国有数の山菜王国です。

この王国には、コゴミ、タラノメ、ウド、シドケ、ウルイ、ワラビ、コシアブラ、フキ、ヒメタケなど種類が豊富です。山菜の栄養分は、たんぱく質や脂質が少ない半面、食物繊維が多く、体の調子を整えてくれるのが特徴です。

特に、畑ワサビの生産量は国内随一で、株式会社岩泉産業開発が処理加工工場を運営しています。岩泉町畑ワサビのブランド化も促進しています。

新鮮な野菜類や山菜・きのこをはじめ、ほっこり嬉しくなる手づくりの漬け物や、「ひゅうず」など郷土のおやつも人気があります。

岩泉町での山菜のお買い求めは「わくわく市場」（道の駅いわいずみ内）や「よってけ市場」でできますし、お食事は「レストラン　大地工房」でいただけます。

わくわく市場（道の駅いわいずみ内）

TEL：0194-32-3070（受付時間 9時〜 17時30分）

FAX：0194-32-3071

# 山菜王国　魚沼

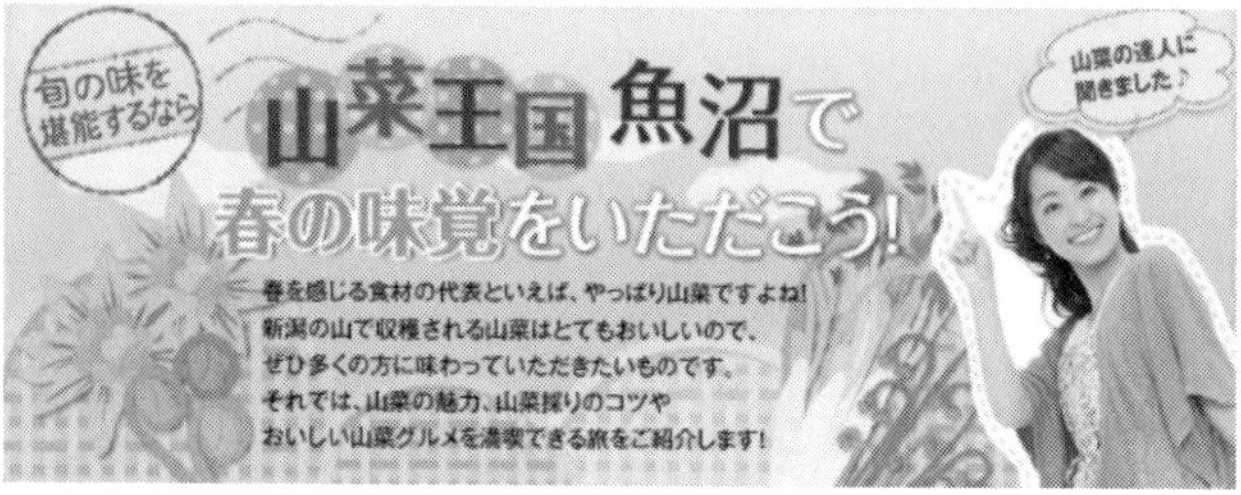


Niigataken uonuma-shi

新潟県魚沼市
一般社団法人魚沼市観光協会

新潟県魚沼の美味はコシヒカリだけではありません。旧入広瀬地区は「さんさい共和国」の別名を持ち、野にも里にも山にも四季折々の旬の味覚があります。まずは「ワラビ園」では、本場魚沼の山菜採りを体験できます。

魚沼では、ワラビのほか、フキノトウやコゴメ、キノメやウドなど、旬の山菜がいっぱいです。山菜採りの後では、山菜会館にて保存法、灰汁抜きや料理方法などを学ぶ講習会もおこなわれています。お昼は山菜づくしの昼食を食べることができます。

山菜は「雪が降る地域のものがおいしい」とよく言われます。新潟の山菜の宝庫・魚沼も、雪国で、冬の間にたっぷり降る雪が山菜を育むので、「山菜が雪や雪どけ水にさらされることで、適度にアクが抜けるのでおいしい」、「雪が溶けて土が見えるころには春の日差しも強くなっているので、芽が一気に生長するから柔らかくておいしい」などと言われています。

さらに、山のごちそうの山菜は、来客時や冠婚葬祭の時に食べられるよう、干したり、塩漬けにしたり、冷凍にしたりと、おいしく保存する技も受け継がれています。代表はゼンマイ煮です。フキノトウの苦みは、最高においしい春の味です。魚沼で一番人気の山菜はアケビの新芽の「キノメ」です。天ぷらでは、タラの芽やコシアブラなどが特に人気です。

山菜採りの一番の鉄則は、根こそぎ採らないこと。根まで抜いてしまうと、後は生えてきません。来年もまた恵みがいただけるように、十本あったらし七本採って後は残す、ということを守っているからこそ、おいしい山菜が毎年食べられるのです。

魚沼にある田舎食堂「いろりじねん」では、野の花のカタクリやオオバキスミレ、ミツバツツジ、ユキツバキなどを、天ぷらにしたり、サラダやゼリーとして食べられます。

（一社）魚沼市観光協会

# 環境王国こまつ

Ishikawaken komatsu-shi

## 石川県小松市
## 環境王国こまつ推進本部

小松市は平成23年10月、環境王国認定協議会から環境王国認定書の授与が行われ、正式に全国11番目の環境王国認定市町村となりました。

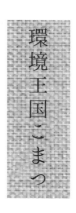

環境王国とは農産物の生産に適した自然環境、農業、消費のバランスが保たれた都市に与えられるものです。「環境王国こまつ」は小松市の誇る豊かな里山・里湖の自然文化を保全し、地域を活性化するための取り組みや、安心・安全な農作物の推進、小松市独自の6次産業化商品の開発に力を注いでいます。

環境王国こまつ推進本部では、豊かな自然がもたらす山菜を地域資源として捉え、東京家政大学の中村信也教授監修をいただき、小松市の里山地域活性化を図る企画として平成24年度から「環境王国こまつ山菜検定」を里山自然学校こまつ滝ヶ原で開催しています。「山菜検定」につきましては本書ｐ19に簡単な概要が説明されています。

# 高山ひだ山菜

## Gifuken takayama-shi

岐阜県高山市
ひだ清見観光協会

高山市は、北アルプスなどを擁し、山岳に囲まれた四季折々の自然豊かなまちです。海抜の高い所が多いため、夏は涼しく、冬は雪が多く寒さが厳しいですが、空気と水が美味しいところです。

市内各地には、ゴルフ、テニス、スキー場などのスポーツ施設や温泉などの保養施設が充実し、古い町並みや宮川朝市など、歴史や文化が数多く観光資源として残っています。

昼夜の寒暖の差を活かした高冷地野菜やそばをはじめ、飛騨牛、朴葉味噌、川魚、山菜等の食材が豊富にそろい、飛騨の味と技を存分に味わうことができます。

その中で、特に、ひだ清見には自然の恵みがいっぱいで、フキやウド、タラの芽、ワラビ、ゼンマイ、他の地域ではあまりないコゴミなど野草・山菜の宝庫です。ワサビの葉や根も醤油漬けにして食べます。

ひだ清見では山菜図鑑を編集して、清見町で採集できる数ある山菜の中から約50種類の収穫時期や食べ方、薬効などをご紹介します。

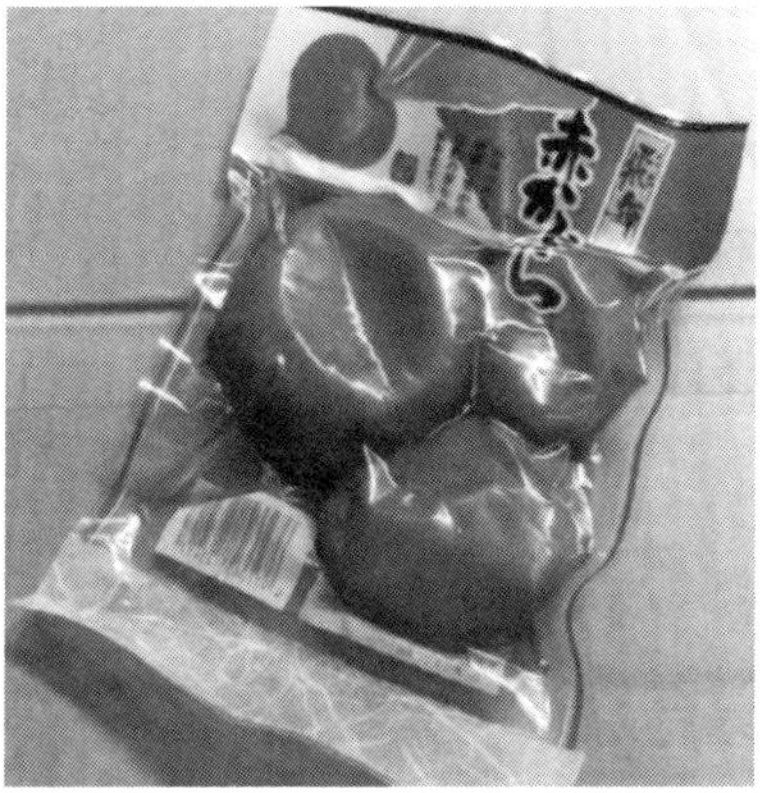


ひだ清見は、野草・山菜の宝庫

ひだ清見には自然の恵みがいっぱい。フキやうど、たらの芽、わらび、ぜんまいなど野草・山菜の宝庫です。

ひだきよみ山菜図鑑は、清見町で採集できる数ある山菜の中から約50種類の収穫時期や食べ方、薬効などをご紹介します。

間違いやすい有毒植物もあわせてご紹介しますので、参考にしてください。

ひだ清見観光協会

http://www.hidakiyomi.org/

# 第4章

# おくにじまんの山菜・薬草ビジネス

絶品の山菜料理やきのこ料理、
薬膳料理が食べたい。
薬草の効能や、漢方のヒミツ、
ハーブティーの種類が知りたい。
私たちの好奇心はとまりません。

第4章では、
そんな私たちの好奇心を満たしてくれる、
おすすめスポットをご紹介します。
さあ、
新しい発見に出会いに、お出かけです。

※お店のデータは平成26年9月現在のものです。

GIFU　美食、美酒を求めて集う大人達の隠れ家

## 飛騨季節料理　肴

飛騨の旬の食材を新鮮な状態で愉しめるよう店主自ら旬の食材を求め山や川に出かけ、調達調理にこだわった料理を肴というモダンな「和」の空間の中でおもてなし。

店主の今井速雄さんは話す。

「その育った環境下で採れるその時の食材が体に一番必要であり、美味しくも感じるはず。今全世界に注目を浴びている和食がよりシンプルに本当の地域感ある良さを後世に伝える事が出来ると嬉しいですね！」

春は山菜・夏は天然川魚・秋は天然きのこ・冬は天然山肉と四季通じてとても美味しい食材に恵まれた飛騨の魅力を感じられるロケーション。晴れた日のお昼は北アルプスが一望でき、夜には高山市内の夜景を見る事ができる。アルプスが一望できる落ち着いた大人のカウンター席、お店で一番見晴らしの良いカフェ感覚の２階テーブル席、箱庭を眺めながらのご接待にも最適な和室、石庭の中にある古民家風の離れでは田舎時間が楽しめる。

店主の今井さんが自ら山に入り、山菜や魚、きのこなどを手に入れている。飛騨を愛する気持ちがつまったブログは、ステキな写真で溢れている。

昼・夜共に全予約制。、混み合う事なく、ゆっくりと満足の行くお食事が約束されている。

〒 506-0033　岐阜県高山市越後町 1126-1　TEL&FAX : 057-736-1288（要予約）

URL : http://takayama-sakana.com/

## HOKKAIDO　北海道オホーツクの恵みをお届け

## 北の鉢　ポッポ舎

ここオホーツクは、世界遺産〃知床連峰〃の裾野。

コンコンと溢れ出す山の水。その中で生きているひぐま・エゾシカ・キタキツネ・山猫さん。動物たちの数の方がよほど多い。

人間は邪魔にならないように共存している。

まだまだうっそうとした手つかずの自然・山野が広がる。

この生命の源、山の幸。樹木・山菜を美味しいままに、美しい姿のままに、おすそわけ。

昔、山伏が修業時にこれを食して頑張れた、ということで名前が残ったといわれる「行者ニンニク」「山わさび」。他の小実果実ほど美味ではないが、アントシアニンが抜群に豊富な「アロニアの実」。山にはパワー豊富な食物が沢山宿っている。

「ジャングル　ベジタブル」は、もともと盆栽を生業とする北海道「北の鉢　ポッポ舎」が山菜に特化した食品部門。新しい山菜の楽しみ方を提唱している。今まで山菜を避けてきた方にもおすすめ。

航空便による採れたて生山菜の販売もおこなっている。送り出しが始まるのは5月末。2000円から8000円まで1000円単位でお届け。ぜひ、北の大地の風を感じてほしい。

〒２２２－００１２　神奈川県横浜市港北区富士塚１－６－１１
〒０９０－０８０１　北海道北見市春光町４－１０－８
TEL : 090-9978-8683
北の鉢ポッポ舎 http://popposha.com/

GIFU 約700種の薬草・薬木を育成・公開

## 内藤記念くすり博物館

木曽川の清流に囲まれた小高い中州で、常緑の樹木の多く繁れる所にある。製薬会社エーザイの創業者・内藤豊次により1971年（昭和46年）に設立された。日本国内のみならず、医療・薬学に関する世界の資料を収集、展示している。

約700種類の薬草・薬木を育成し、一般公開をおこなっている。普段はあまり馴染みのないように感じる薬草も身近に感じることができる博物館にあなたも立ち寄ってみては。

「資料を並べるだけの博物館にならないように、来館者に親しみやすく、くすりを理解し、ファンになっていただけるような博物館を目指している。」

この言葉の通り、内藤記念くすり博物館では薬草栽培教室、カモミール摘み取り体験、レモングラス刈り取り体験、ローゼル摘み取り体験、野草講演会、ハーブティーづくりなど親子で楽しめるような季節に合った様々なイベントが開催されている。

また、豊富な種類を誇る薬草は特に春から秋にかけて花を楽しめ、温室ではバナナやカカオなどの熱帯有用植物をみることができる。

ぜひ薬草の魅力を味わいに足を運んでほしい。

※掲載しているすべての写真は、内藤記念くすり博物館の所蔵です。

〒501-6195 岐阜県各務原市川島竹早町１　TEL : 0586-89-2101 ／ FAX : 0586-89-2197

開館時 : 9：00 ～ 16；30　休館日 : 月曜日、年末年始

入館料 : 無料

URL : http://www.eisai.co.jp/museum/

KYOTO　JR京都駅の1つお隣にハーブが香る

## 日本新薬㈱　山科植物資料館

花言葉だけでなく、薬草にも興味を持ってみてはどうか。

例えば、オランダシャクヤク。セイヨウシャクヤクとも呼ばれ、南ヨーロッパ、西アジアの原産の芍薬の一種。ヨーロッパでは、ヒポクラテスの活躍したギリシャ時代から癲癇に用いられたり、またローマ時代のディオスコリデスの「薬物誌」には月経誘発や出産後の胎盤排出促進に用いる記載があったり、古くから薬用として利用されてきた植物のひとつだそうだ。薬草に魅せられたら、山科植物資料館に足を運んでみよう。

日本新薬株式会社は、１９１９年10月1日に株式会社として創立された。創業初期に日本人の高い回虫率（50％以上）に着目し、回虫駆虫薬サントニンの国産化事業に着手した。山科植物資料館は１９３４年、回虫駆除薬サントニンを含有するミブヨモギの栽培試験圃場としてスタートした。それ以来今日までの80年間に世界各地から収集した３０００種を越す薬用・有用植物を栽培している。敷地面積は２４００坪。大温室１棟、ガラス室２棟、見本園、樹木園、セミナールームなど見どころ満載だ。原則、一般公開はしていないが、希望者は電話予約により対応してくれる。

ミブヨモギ

〒607-8182 京都市山科区大宅坂ノ辻町 39　TEL : 075-581-0419

※一般公開していません。来館をご希望の際はお問い合わせを。

URL : http://www.nippon-shinyaku.co.jp/herb/herb_top.html

YAMANASHI　滝子山の麓で至福のひととき

## 薬草膳処　じゅん庵

大月市のJR初狩駅から北へ約2・5キロメートル。名山・滝子山南麓の林地に、都心育ちの三田村純《すみ》さんと夫が移り住み、1989年に開業した薬草膳処がある。

夫の親族が江戸時代から薬草園を営む家系。その流れを途絶えさせまいとするかのように、薬草料理の提供だけでなく、育成講座や料理教室、野草サロンなどを開設した。

四季の移ろいに合わせて変わる「薬膳おつけだんご」をご賞味あれ。

東京都品川区生まれ。立教大学文学部卒業後、建設会社の研究室に勤務。結婚で退職し、日野市で喫茶店を営んだ。商売は順調だったが、「人間関係でへたへたにくたびれた」。滝子山南麓の禅寺を訪問。禅僧が料理店の土地を紹介してくれた。

現在、店の庭に数10種類の野草が自生する。「風や鳥が種を運び込み、私にも種がついてきたようで、種類が豊富になりました。野草は普通の野菜以上に栄養が豊富。たくさん食べてはいけない。種類は多くても、量は少なく食べるのが鉄則です」大月市初狩公民館で毎月1回、薬草教室を開いている。その料理実習や観察会には、市民に加え、東京都や神奈川県など県外の人も参加する。参加希望者は電話で問い合わせを。

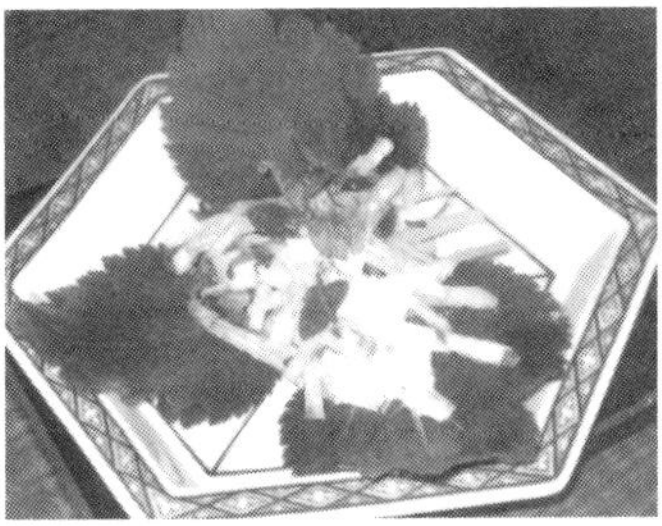

〒401-0021 山梨県大月市初狩町下初狩2302　TEL&FAX：0554-25-2636
URL：http://www3.ocn.ne.jp/~pincoro/

GIFU

山菜やきのこを味わう列車

## 明知鉄道　急行大正ロマン号

食堂車。

それは電車の車窓から流れる景色と、季節を感じる贅沢な料理を同時に楽しめる夢のような列車。

車両は人や物資を「運ぶ」だけではない。ある人は時の流れに思いをはせ、ある人はいつまでも変わらぬ大切な人の笑顔に出会う。幸せを感じられる空間を「演出」してくれる明知鉄道の食堂車。山菜の弁当や、きのこ料理、猪鍋など種類も豊富で、シーズンがやってくるのが待ち遠しくなる。

岐阜県恵那市大井町を起点に、日本大正村で有名になった恵那市明智町に至る東美濃地方の高原地帯を縫って南下する全長25・1キロの路線。沿線には平成元年に完成した多目的ロックフィル方式の阿木川ダムをはじめ、800年余の歴史を秘めた岩村城址や寒天料理の花白温泉、そして大正ロマンを今に伝える日本大正村など、四季を通じて「みどころ」は豊富。

季節に応じてグルメ食堂車は表情を変える。春はおばあちゃんのお花見弁当列車、おばあちゃんの山菜弁当列車、夏は鮎料理と花白温泉、秋はきのこ列車、冬はじねんじょ列車といつ訪れても私たちに最高の一時を与えてくれる。

〒509-7705 岐阜県恵那市明智町 469-4　TEL : 0573-54-4101 ／ FAX : 0573-54-4302
URL : http://www.aketetsu.co.jp/

CHIBA　完全無農薬・菌床栽培の椎茸を

## 佐倉きのこ園

佐倉きのこ園の椎茸栽培ハウス内では1年を通じて椎茸狩りが楽しめる。ねらい目は、朝一。早いほど肉厚で大きい椎茸が採れる。朝8時の開園に並んでいるお客さんもいるほどだ。

バーベキューガーデンでは、本格炭火バーベキューが楽しめる。食器、調味料、調理器材等すべてそろっているため、手ぶらでOK。焼肉のたれは近所の農家のお母さん田中勝枝さんの手作り。その味をぜひ味わいに家族ででかけてみよう。

元々、椎茸が苦手だった園長の斎藤勇人さん。農家を営んでいた実家に充満する匂いが嫌いだったそう。

ある日の新聞に、椎茸の菌床栽培の画期的な技術が開発されたことが掲載されていた。それから椎茸栽培に興味を持ち、各地の椎茸農家や菌メーカーを訪ねる。そしてついに出会った、椎茸独特の苦味や臭みのない椎茸。それまでは椎茸嫌いだった自分が「うまい!!」と食べられることに驚いた。それが、長生き椎茸。オンラインショップでは、肉厚長生き椎茸のほか、自家製天日干し椎茸、椎茸茶や、炊き込みご飯の素、しいたけソーセージまで取り扱っている。椎茸栽培キットもあり、ご家庭で椎茸栽培にトライしてみては。

〒285-0808　千葉県佐倉市太田2395　TEL: 043-486-3987／FAX: 043-486-3808

営業時間 8:00～16:00　定休日　月曜日　※月曜日が祝祭日の場合は火曜日

※入園料・駐車料は無料です。

URL : http://www.kinokoen.jp

# 第５章

# ［特別鼎談］山菜王国で農山村が甦る！

中村信也 東京家政大学教授

×

炭焼三太郎 NPO 法人日本エコクラブ理事長

×

中﨑 巧 フィールドコーディネーター

平成27年2月某日。

東京家政大学・中村信也教授とNPO法人日本エコクラブ・炭焼三太郎理事長、フィールドコーディネーターの中﨑巧氏による山菜薬草王国についての鼎談がおこなわれた。進行役は中﨑氏で、三者の大放談会が始まった。

## ――山菜は「畑以外の、海・里・山などで採れるもの」と定義すればいい

中﨑　一言に山菜といっても区分があいまいで、わかりにくいところがありますが、そもそも山菜とは何でしょうか。

中村　山菜の定義は諸説あります。畑の中で採れるものを野菜といい、それ以外で特別に肥料や人の手を加えないで採取されるものを山菜といいます。そういう意味からすれば、畑で採れるウドや山の芋は山菜ではなくなっているものもあります。しかし、畑ではなく野で採れれば山菜となります。ウドもスーパーで売っ

ていれば野菜といえます。山菜は畑以外で採れるものなので、採れる場所は関係ありません。私は海の幸、海苔も山菜と含めて考えています。

中﨑　海の幸を山菜に含めることは、海・里・山などで採れるものは生物学的に一連とつながっていると考えていいのでしょうか。

中村　それは我々が定義することです。畑以外のものであれば、海の幸、里、山などで採れるものは山菜です。例えば、つつじなどは葉っぱや花びらを料理に散らすと色づけの役割もありおいしそうに見えますが、栽培用として人が植えましたら山菜とは言えません。

山野の木などの三分の一程度は人工的に植えられたもので、これらは厳密にいうと山菜とは言えません。植物は二つの種類があり、樹木と草本に分けられます。樹木の方は、街路樹、庭木として植えたもので、山菜からは除かれます。草本の中でも畑の中で植えられたものは同様に山菜から除かれます。

三太郎　山菜について、農林水産省はガイドラインを出してはいないのでしょうか。山菜以外にも薬草や野草がありますが、これらを一緒にして山菜と考えていいのでしょうか。

中村　現在山菜を定義しているガイドラインはありません。我々が山菜の定義を提案し、それをみなが利用してくれればいいと思います。野草は野の草のことであって薬草も含めています。野の草の中で食べられるものが山菜です。

三太郎　例えばサンショウは薬草なのか山菜なのかどちらなのでしょう。

中村　薬草です。薬草と山菜は一般に区別がつきにくいです。なぜかというと、山菜が薬草名も持っているからです。野草はすべての野の草をいいますが、山菜や薬草も野草に含まれています。その中の「食べられる」ものが山菜、薬草になります。そして、「食べられない」というのは、「食べられない」と「食べてはいけない」の二つにわけられますが、「食べてはいけない」のは毒草になり、「食べられない」のは一般的に食べないという意味です。そうなると、「食べられる」というのは「一般的に食べる」ということになります。その「一般的に食べる」もので畑以外で採れたものを山菜と言います。

中﨑　毒草も逆に薬効があるものがありますよね。例えば、トリカブトも薬になったりするのですか。

中村　薬効は全部にあります。トリカブトも微量なら薬になります。例えば、塗れば漢方になるのです。

三太郎　スズランやキキョウなどもそうですよね。

中村　あれも漢方に入っている喉の薬です。薬草と食べるものは一緒です。山菜名と薬草名はほとんどイコールですが漢方名は別にあります。私が実施している山菜検定では漢方の例題が９割あります。

中﨑　同じ植物に漢方の名前と山菜の名前、両方あるわけですか。

中村　そうです。だから山菜を知ることは薬草を知ることです。

中﨑　スイセンはニラと間違えやすいですね。スイセンは薬草でしょうか。

中村　スイセンとニラは間違えやすいです。スイセンは薬草ですが、毒草の性質も持ち合わせていますのでシカなどは食べません。紫陽花を植えたときは、すべてシカに食べられてしまいました。またシカは山椒の幹をかじっていました。朝鮮朝顔は毒だから食べないだろうと思っていましたら、イノシシが来て根を食べていました。私は初めて根は食べられると知りました。

山菜・薬草や野草などは微妙な言い方の違いです。見方を変えて山にあるから山菜と呼ぶのかというとそうでもなく、里、山、海辺にあっても山菜と言えます。

## ――野菜と山菜の歴史、農業の発展

中﨑　そうすると山菜の中に薬草も含まれるということですか。農業として今おこなわれているものも昔は野草を採ってきたところから始まっています。米や麦も本来は野草です。

中村　薬草は山菜名の漢方名で別名を言うことです。昔は野菜というものがなく、自分たちが食べる分量だけ採っていましたが、だんだん大量生産が必要になり、農業が生まれました。日本で農業が生まれたのは稲からです。

日本では、江戸時代になって江戸の近くで野菜が売れるようになり田舎に農業が生まれました。一方、世界で初めて農業をビジネスにしたのはアメリカで１９５０年以降のことです。ブドウを開発して、ブドウ畑から大量に農地ができたのです。

中﨑　基本的には自生していたものを採取していたわけですね。肉も野生の動物を捕獲して食べていました。

中村　昔は自生したものを採取するだけで十分でした。家族の分だけを野で摘んでくればそんなに多くの量はいらないのです。

三太郎　自給自足の生活ですね。

中村　農業が発展する前は野菜がなかったから、野菜か山菜をわける必要がありませんでした。

三太郎　私の住んでいるところは代々、東京のはずれの高尾山の反対側の小さな三十軒ぐらいの集落でした。ひいおじいさんぐらい前までは江戸の方にクコやセンブリといった薬草を出荷していました。自生していたものを売って生計を立てていました。

中村　そうですね。自生しているものを採取して売ることで商売になりました。大量生産、畑で育てて売るということを始めたのは大正以降です。

中﨑　国分寺の中に延喜式薬草園（後述ｐ１７６）がありますね。当時は薬草栽培は仏教の中に取り入れられていました。

三太郎　うちにタンポポの種が飛んできて咲いていますが、そのタンポポを食用にしている人がいます。

中村　大正時代に西洋タンポポを食用にしました。当時、西洋からサラダが入ってきましたがサラダ自体が何かわからなかったので、その材料にタンポポを使おうとしましたが、外国人は西洋タンポポとタンポポは違うと言ったそうです。繰り返しますが山菜というのは、畑以外で採れたものを言います。そして、薬草は体に役に立つ植物のことをいいますが、ほとんどの山菜は薬草名を持っています。

## ――我々の考える山菜

三太郎　農林水産省は農産物の定義を決めています（農林水産省特別栽培農産物に係る表示ガイドライン（後述ｐ１７７））。当該農産物の生産過程における節減対象農薬の使用回数が慣行レベルの５割以下であることと決められています。

中村　農林水産省の定義によればということでしょう。「によれば」というのは、「according to」といいます。山菜王国によれば、これも「according to」というのが良いのですが、我々もそう定義します。山菜の定義は、山菜王国に「よれば」と定義しようと思います。私は薬膳の本を出しているのですが、「国際薬膳によれば」と書きました。

中﨑　海外でも山菜のような定義はあるのでしょうか。

中村　ありません。野菜以外は一般的に食べないからです。海藻も外国人はほとんど食べません。日本は何でも食べることから意地汚く思われますが、昔から自然に親しんできた山菜を食べます。

中﨑　薬膳というのがよくわからないのですが、教えていただけますか。決まった種類のものを薬膳と呼ぶのでしょうか。また、薬膳というと健康にはいいですがあまりおいしくはないというイメージが強いのですが、いかがですか。

中村　薬膳というと、中国で陰陽五行にもとづき健康を目的とする食事のことをいいます。

薬膳は陰陽五行の理論に従って作られます。しかし、日本ではその理論に従って出すことはありません。ウコンなど、体にいいものを薬膳と呼んでいますが陰陽五行の理論に沿ってはいません。

薬膳は材料の選び方が基本です。材料の選び方によって、おいしい薬膳もこれからもどんどん可能性としてひろがっていきます。

三太郎　ウドやサンショウを使った料理も薬膳といえば薬膳ですね。

中村　陰陽五行論という、陰と陽つまり陰陽論と五行論が合体したものがあります。陰陽論というのは、春・夏が陽で、秋・冬が陰で、これが巡っていくものです。五行論は、木・火・土・金・水という異質なもので構成されます。春は木・金、色でいうと緑。夏は色でいうと赤、方向は南。火・木・土が黄色になって、季節が巡るわけです。

つまりは自然に従った生活を送ることが大事です。その時期によって、旬のものを食べていれば、体は丈夫になるということです。

三太郎　そういう言い伝えはあります。要するに先生が言われたような陰陽五行論に従った循環で生活を送っていれば体の中から毒素が抜けるということですか。

## ――山菜王国のネット化

中﨑　ところで、三太郎さんは「山菜王国」という商標をとられたわけですが、その狙いを教えていただけますか。また、これからはどのような形で展開されようとしていますか。

三太郎　狙いとか目的は特にありません。たまたま私の所有する山にセリ、ヨモギ、タラの芽、ユキノシタ、ノビル、カンゾウ、ウド、フキノトウなどの山菜がたくさんあって、それらを採って春と秋には山菜パーティーをしていました。その際に、皆から「ここは山菜王国だ」という話がおこり、私自身もいいネーミングと思い商標登録しておこうと思いました。それで登録をいたしました。3年前ぐらいの話ですが、その時から商品を作ることを漠然と考えていました。つまりは非常に単純な話からの発想でした。

中﨑　これからはどうするのですか。山菜王国の定義は分かりましたが、今後の目的はどういうところですか。

三太郎　「山菜王国ネット」のような形ができないかと考えています。現在、山菜王国については、地方の自治体が「まちおこし」などでいろいろ売り出しています。そういう地方の自治体をネットワーク化できれば良いとおもっています。

中村　私が小松市と関係している山菜検定でも山菜王国のような発想を持っています。各地にそのような動きもあるので「山菜王国ネットワーク」のようなことを考えるのもよいのではないでしょうか。

三太郎　私の単純な発想ですが、山菜は天然の野菜であり、昔のように山菜のいいところをみんなに認識してもらい、もっと普及出来ないかと考えています。

## ――山菜王国の事業化

中村　山菜の知識を広めることに賛成です。私は、そのために目的は三つぐらいあった方がいいと思います。目的の一つ目は文化の保存、二つ目は山菜の普及、つまりはみんなに知ってもらいたいということです。三つ目は何がいいでしょう。

中﨑　産業化・事業化の問題はどうでしょう。山の奥に産業をおこせる人を育てたり、山菜を含む自然に親しむ観光事業を育成することを考えるのはいかがですか。つまり、山菜の産業化で、山菜を普及、保存、育成することです。

中村　みんなに知ってもらいたいということと文化の保存は一体のものです。

三太郎　私が今「大地の会」というものを主宰していますが、この会は扱う商品はすべて無農薬ということを趣旨としています。今日の先生の話を聞きますと、天然のものは農薬の有無とかではなくもっとシンプル」なものだと思いました。山菜は自然食、天然野菜ということですか。

中村　目的の二つ目は山菜の普及ですが、自然食の普及と言葉を変えてもよいです。山菜を採って来て「てんぷら」にして酒でも飲めば風雅なことと思います。野菜で同じことをやるのではニュアンスが違います。野菜では風雅さは出ません。山菜で風雅を味わうことが文化の保存になります。風雅、自然食、そして産業の育成とこの三つを目的としましょうか。そうすればそこから事業化が始まります。

三太郎　先生のお話を聞くと気持ちが豊かになります。私は山菜・薬草王国の名称をもっとシンプルにしたほうがいいと思います。野草や薬草は山菜のグループの一つですから野草と薬草をすべてを含めて山菜王国という名前にしたいと思います。薬草や野草と区別したい場合は別項目を立てれば良いでしょう。

中村　目的の中の一つである自然食については、野草を普及させるための山菜検定を実施しています。風雅という目的であれば味わう会とかをしたらよいでしょう。産業の育成、事業化は山菜王国を巡るような観光事業だと思います。

三太郎　事業化でいえば、私の山では山菜を採ってすぐにてんぷらにして食べます。これをどこの家庭でも食べれるように、山菜をその日に摘んで新鮮なまま保存しその日に送るというのが産業化です。また、雇用の拡大も産業育成になります。

中村　それは事業化に入ります。雇用の拡大は産業育成です。三つぐらい主なものを入れてみてはどうでしょう。総論がないまま始めると後で困るので、暗記する際の三々九度方式、三番目方式を使いましょう。メインが三つあって、各項にまた三つずつというようにして山菜王国の目的を決めましょう。

中﨑　そうすると野草も山菜も全部入ります。産業育成の中の事業創出というものも入ります。事業創出の中の案として入れたいと思います。

中村　まさに、それは産業の育成です。山菜の事業を創出しないと山菜の産業は育成しません。

中﨑　三番目の目的が産業育成の中の事業の創出というわけですね。

三太郎　私は国際化を入れたいと思います。でも国際化にあたっては、我々が考えた認定のガイドラインが必要になると思います。

## ――山菜検定

中村　山菜検定を現在実施しています。外国に和食を宣伝することがあり、先ほど述べました三番目方式を使いました。一つ目は和食とは自然であり、旬がキーワードになっています。二つ目がコンビネーションです。一品でもなく、組み合わせでもなく、一汁三菜、懐石料理、幕の内弁当など組み合わせです。これには、誰がとか、何がとか、各々が主張をしないということです。三つ目が芸術性です。見た目のきれいさにこだわるということです。海外の人は料理の説明のときに「今はこれが旬のものです。」というとびっくりしていた。旬というものを知って目を丸くしていた。外国には四季を感じるというのが日本に比べると少ないからです。料理の彩りなどの季節感も持ち合わせていないです。

三太郎　小松市は先生の実用山菜検定の話を聞いてから山菜検定を始めようとしたわけですね。山菜事業の進め方については、一つ目は何の山菜を扱うか、二つ目は収穫量、全区順位、地場産業への貢献度など、三つ目には、料理の材料の使用率で山菜がどんなふうに使用されているかということです。四つ目には、民宿や商工会の食材への取り組みとか、支援をもらっているかどうか、将来の発展度、品質評価、うまさとか硬さとか柔らかさとか歯ごたえとか苦味とか、こういうのを基準にして、それを誰が認定するのかと進んでいきます。

今度われわれがつくるネットワークの中でこのような形で標準化させて、将来的には全国のサミット会のようなものを作っていきたいです。
今、アジアでB級グルメが盛んですが、そういうのに山菜があればおもしろいと思っています。中村先生のいう雅な山菜に共感いたします。
そもそも山菜検定はどういった経緯で作られたのですか。

中村　小松市側から滝ヶ原地区の学校が廃校になった後の有効活用の方法を聞かれた時に、山菜の地区にしようという案がでました。そこから山菜地区としての活動が始まり、そこで試験をやっています。

中﨑　廃校になった学校をベースにして考えるのですね。

中村　小松市は市が検定をおこなっています。小松市の滝ヶ原というところで里山学校というものを作り山菜普及をしています。小松市の山菜検定の中に、山菜博士という称号があります。それは一番の知識者なのですが、合格するためには山菜名と漢方名を両方知っていることが必須になります。先日おこなった試験では６人が受講して２人合格したのですが、受けた人たちは山菜の実物をみると全然違うと言っていました。本や図鑑で見たような写真は全部花が咲いているころのものばかりで、花が咲いていない時期の山菜はわかりません。試験用に蕨が植えてあり、見せながら説明すると蕨だとわかりますが、その隣にある少し枯れたようなものを何だと聞くと、誰もわからないということもあります。

## ――これからの山菜王国

中村　地元のおばあちゃんに聞くと五つか六つぐらいの山菜は分かるし、それで作る料理は自家薬篭になっているが、新しい料理はほとんど作れないと言います。だから、山菜を使って若い人たちに新しい料理を作ってほしいと思います。また、山菜について言うと、ヨモギもどこのヨモギでもいいわけではなくて、このヨモギがおいしいとかいった地域性があります。私は、山菜に地域性を加味してランク付けとか認証制度をやるとよいと思います。

三太郎　魚の認証制度があるようなことを聞いていましたが、山菜の認証制度のようなものをお考えですか。

中村　魚の認定基準はあります。いろいろな認証制度を参考にして山菜の認証基準・制度を作るようにしたいと思います。

中﨑　山菜の基準を制定し、それが制度化されれば喜ばしいことですね。

中村　山菜の認証制度には山菜の栽培現場に必ず見るようにしなければならないと思います。

中﨑　山菜の認定制度には安全基準のようなものを入れるのも大事ですね。か。

中村　農薬を使っているものは外します。肥料などを使っていないとか、野生であることが基準となります。無農薬、有機栽培はいいのかもしれないません。

三太郎　タンポポの花の焼酎漬け、薬草シャーベットなど各地で作るものはおもしろそうですね。

中村　名産ですね。名産は三番目方式の産業育成の三番目ですね。名産認定制度を作って、おいしいものを自信をもって宣伝する。名産として認定し、紹介して山菜・薬草王国ネットに入ってもらうようにしたいですね。

三太郎　おもしろいと思います。山菜検定と認証制度を作るというのは、まさに山菜の普及になると思います。山菜塾のようなものを中村先生は小松市でやっていますが、もっと都会の店で、お店の休みのときに山菜塾をやり、てんぷらにしてその店で食べるというのはどうですか。

中村　その場合には、この店には山菜を扱っていますという一覧表を作るといいですね。われわれは一覧表に書かれたそのお店を応援していきます。
山菜王国ネットワークで地方自治体、市町村に対し山菜で何かやりませんかと提案すればよいと思います。まず一歩づつ進んでいかないとだめです。山菜王国の全国版ということで、いきなり市町村が集まるのは大変ですか。

三太郎　どこかモデルをつくって、普及していけばやりやすく、わかりやすいのではないでしょうか。山菜王国の全国版をつくるにあたって、現在山菜をメインに売り出している市町村などを発起人にするのもいいと思います。探してみると六ヶ所ほどあるようです。

中村　まず連合体をつくることですね。市町村ではなく団体です。例えば能登半島は春蘭の里で世界農業遺産になりました。このように周辺がにぎやかであること、熱心であることが条件でしょう。やはり産業化ですね。大切なのは三番目の産業育成です。

三太郎　先生がいわれたように、目的と理念を考えましたので、次は基準を決めていく必要があります。

中村　次の行動は法人化することと市町村の連合サミットをやることでしょう。

## ――考えられる山菜の展望

中﨑　山菜の楽しみ方は他にはどんなことが考えられますか。

中村　山菜を採りに行って、そのまま現地でみんなで料理をして。山菜のサラダやピザとかを作ったりします。

三太郎　山菜のレシピを中村先生の東京家政大学の学生のような若い人が作る

のはどうでしょう。簡単に作れる山菜料理のレシピがあれば非常に楽しい。現状では、山菜を取り扱う店は山菜以外の別のレシピで料理しています。又、産業化するという知識がないから、てんぷらにしたり、山菜を炒めて食べているぐらいで、それ以上進みません。

中村　三太郎さんのいう様なことができたらいいですね。山菜は一年中ありますが、真夏はいったんなくなってしまいます。また10月ごろに出てきます。冬は春ほど多くはないです。逆に海藻の海苔とかは冬にとれます。産業化の視点から考えると、一年中何でもあるようにしておかないと季節によってばらつきが出てしまいます。そういったばらつきが出ないように、ゼンマイなどを干して保存しておきます。

中﨑　昔の煮しめだとか、干したものがほとんどですね。

中村　煮しめというと西の方の人しか知らない。山菜を使ってハラール（後述

ｐ１７７）化できないですかね。

**中﨑** 山菜は素材が全部ハラールだからできます。問題は味付けです。話は変わりますが、現在、山菜を温室だとか専門で作っている農家の人はいるのでしょうか。

**三太郎** 私はスーパーで種を買ってやってみましたが、栽培はとても難しいです。山菜の種類にもよりますが、すぐに採取できるものはありません。生産化していくとなるとかなり難しいと思います。需要もないと供給もできないので、先ほども言ったように、料理やレシピを作って、山菜はやっぱりおいしいものだということを広げて需要を喚起したいと思います。あとは山菜の教育も大切です。中村先生、東北での放射能の影響についてお聞きしたいと思います。土が汚染されていて山菜が出回ることによる影響はないですか。

**中村** 今の段階では少量です。今は漁業関係で魚が大きくなっていると評判になっているようです。山菜も結構大きいものが出てきています。育ちすぎているともいえますが、現在の放射能の量は少量なので人が食べても問題がないと考えています。

三太郎　一般の人たちへの山菜の普及を考えるうえで、東北の人たちを応援する意味でも、放射能の問題は避けて通れないものだと思います。他には山菜に関して、王国と名乗っているところは小松市を含めて仲間に入れた方がいいのではないでしょうか。

中村　先ず、都内で比較的安価な居酒屋を五軒ほど山菜を扱っていただくようにお願いしてみましょう。飲食店の人は、お客さんがおいしいと言って喜ぶ姿を見るのが一番うれしく、いきがいと聞いたことがあります。材料を安くし、お店の方も高い料理を出さないというのが一番いい。

中﨑　産業化するのであれば、とりあえずは名称と組織です。地域を主体的に考えていって、我々は都市の側から、山菜の行き来の問題と商流の問題を考えなければいけません。特に供給の問題は大事です。

**三太郎**　山菜を採った後のお客様へ郵送する場合の運搬料などコストをできるだけ下げるなければならない。そういうことを考えるには専門家が入らないとわからないことも出てきます。

**中村**　都市は消費する側ですね。居酒屋に出してもいいし、八百屋さんなど指定された場所に送る方法を考えるのもいいと思います。先ず、居酒屋に働きかけていくのが手っ取り早いかもしれないです。

**中﨑**　それ以外では、料亭などにはどのように何の山菜を持っていくかを決めたいですね。築地に山菜を取り扱う人がいますので、そういう人を仲間に入れる必要があるのではないでしょうか。

中村　現在、組織で山菜を出しているところはそんなにありません。これから産業を作っていかなくてはならないので、個人で熱心な人を引き込む必要は大いにあります。

中﨑　今までは山菜が出始める時期に、アンテナショップなどに展示販売していた程度で、安定供給の流れはぜんぜん考えていませんでした。

中村　山菜は旬が限られているので、ある一定の期間は届きますが、安定供給という流れを作るのが難しいです。今はソラマメの時期ですが、ソラマメは鹿児島産のもので二月の末から売られはじめ、五月頃に東京、七、八月頃に北海道で売られるというような流れがありますが、その時期以外はソラマメをみかけなくなります。

中﨑　山菜王国のパスポートを発行して、都市に住む会員が家族で山菜王国で遊ぶとか、山菜のイベントに参加していくことが考えられます。このようなこと以外にも何か企画として考えられるものはありますか。

中村　そういったパスポートなどは、今後考えていくとして、まずは産業化について考えていった方が良いと思います。都会のお店の協力を得て、山菜を使った料理を提供してくれなければ話は進みません。

三太郎　山菜王国の提灯を作って、それをラベルの変わりに使用するのはどうでしょう。その提灯を見れば、このお店は山菜を使用しているお店で、山菜王国が認定・応援しているお店だということが一目でわかるようになります。山菜の普及、雅な文化を広げていこうと協力していく形が出来上がるのではないでしょうか。

中村　そうですね。そういう店で料理の仕方を教えることもできます。

三太郎　それにはレシピ集を作るのがいいと思います。また、山菜の旅館を作って山菜を普及するということもできるでしょう。以前、山菜料理の宿というところに泊まってサンショウなど食べました。様々な展開が期待できそうですね。

中﨑　話も佳境に入ってきましたが、所定の時間も過ぎてしまいました。中村先生、三太郎さん、本日はお忙しい中、楽しく山菜についてたくさんのお話をしていただき誠にありがとうございました。

## 語句の説明

延喜式（p153）

　平安時代中期に醍醐天皇が藤原時平に編纂された格式（律令の施行細則）で、三大格式の一つである。養老律令に対する施行細則を集大成した古代法典。905年（延喜5）藤原時平ほか11名の委員によって編纂を開始したが，あまり順調に進捗せず，ようやく927年（延長5）に至って藤原忠平ほか4名の編纂委員の名によって撰進された。50巻。ただしこの後も修訂事業が続けられ，40年後の967年（康保4）に施行された。本法典の内容は先行の《弘仁式》，およびその改訂増補部分だけを集めた《貞観式》、この両者からそのまま受け継がれた部分がかなり多く、その施行をそれほど急ぐ必要がなかったことと、またこの編纂がむしろ文化事業としての色彩が濃かったことなどがその理由であろう。

**農林水産省特別農産物に係る表示ガイドライン（ｐ１５４）**

平成19年４月以降に出荷される農産物から適用される。農産物が生産された地域の慣行レベル（各地域の慣行的におこなわれている節減対象農薬及び化学肥料の使用状況）に比べて、節減対象農薬の使用回数が50％以下で栽培された農産物。

山菜についてはガイドラインの対象にならない。山野草、山菜などの自生のものは、土づくりがおこなわれることもなく、農薬や化学肥料が使用されないのは当然のことなので、ガイドラインの対象にする意味がない。きのこについても自生のものはもちろんのこと、栽培されたものであっても、土づくりや化学肥料とは本来無縁のものなので、ガイドラインの対象外となる。

**ハラール（ｐ１７０）**

イスラム法で許された項目。健康的、清潔、安全、高品質、高栄養価であること。ハラールの認証を受ける際にはイスラム法に乗っ取った基準をクリアすることはもちろん、工場や施設は、健康的、清潔、安全、高品質、高栄養価といった項目もクリアしなくてはならない。日本国内では社会のなかですでにそういった基準があるので、ほぼ問題ないかと思われる。

イスラムでは我々の日常において常に清潔を保つこと、自分が摂取するのにふさわしいよいものしか他人にも与えない。これがハラールタイバーンのコンセプトの源になる。それによって管理、監視されたものがハラール製品になるので、ハラール製品はムスリム（イスラム教徒のこと）にとってのみいいものではなく、誰にとっても健康的でよいものであるといえる。日本では「特定非営利活動法人　日本ハラール協会」があり、活動を展開している。

# 第6章

# 山菜のふるさと 檜原村の季節暦

檜原村は東京都の
多摩地域西部にある、
島嶼《とうしょ》部を除いた本州における
唯一の村です。
都心から2時間ほどの
アクセスで大自然を
味わえる村には
たくさんの魅力がありました。

檜原村観光協会
東京都西多摩郡檜原村 403
TEL 042-598-0069 HP http://www16.ocn.ne.jp/~hinohara/index.html

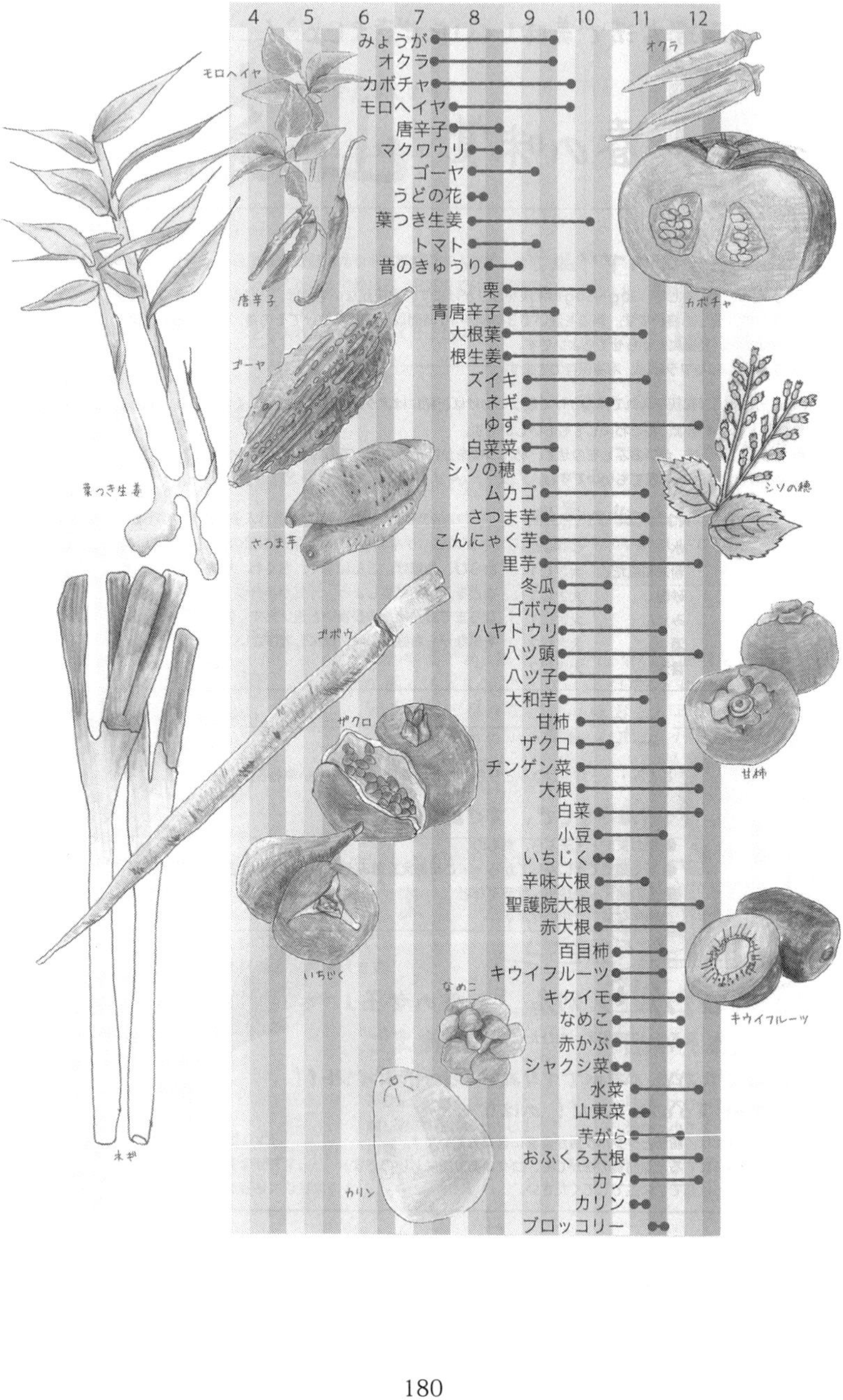
4 5 6 7 8 9 10 11 12
みょうが
オクラ
カボチャ
モロヘイヤ
唐辛子
マクワウリ
ゴーヤ
うどの花
葉つき生姜
トマト
昔のきゅうり
栗
青唐辛子
大根葉
根生姜
ズイキ
ネギ
ゆず
白菜菜
シソの穂
ムカゴ
さつま芋
こんにゃく芋
里芋
冬瓜
ゴボウ
ハヤトウリ
八ツ頭
八ツ子
大和芋
甘柿
ザクロ
チンゲン菜
大根
白菜
小豆
いちじく
辛味大根
聖護院大根
赤大根
百目柿
キウイフルーツ
キクイモ
なめこ
赤かぶ
シャクシ菜
水菜
山東菜
芋がら
おふくろ大根
カブ
カリン
ブロッコリー
モロヘイヤ
唐辛子
ゴーヤ
葉つき生姜
さつま芋
ゴボウ
ザクロ
いちじく
なめこ
ネギ
カリン
オクラ
カボチャ
シソの穂
甘柿
キウイフルーツ

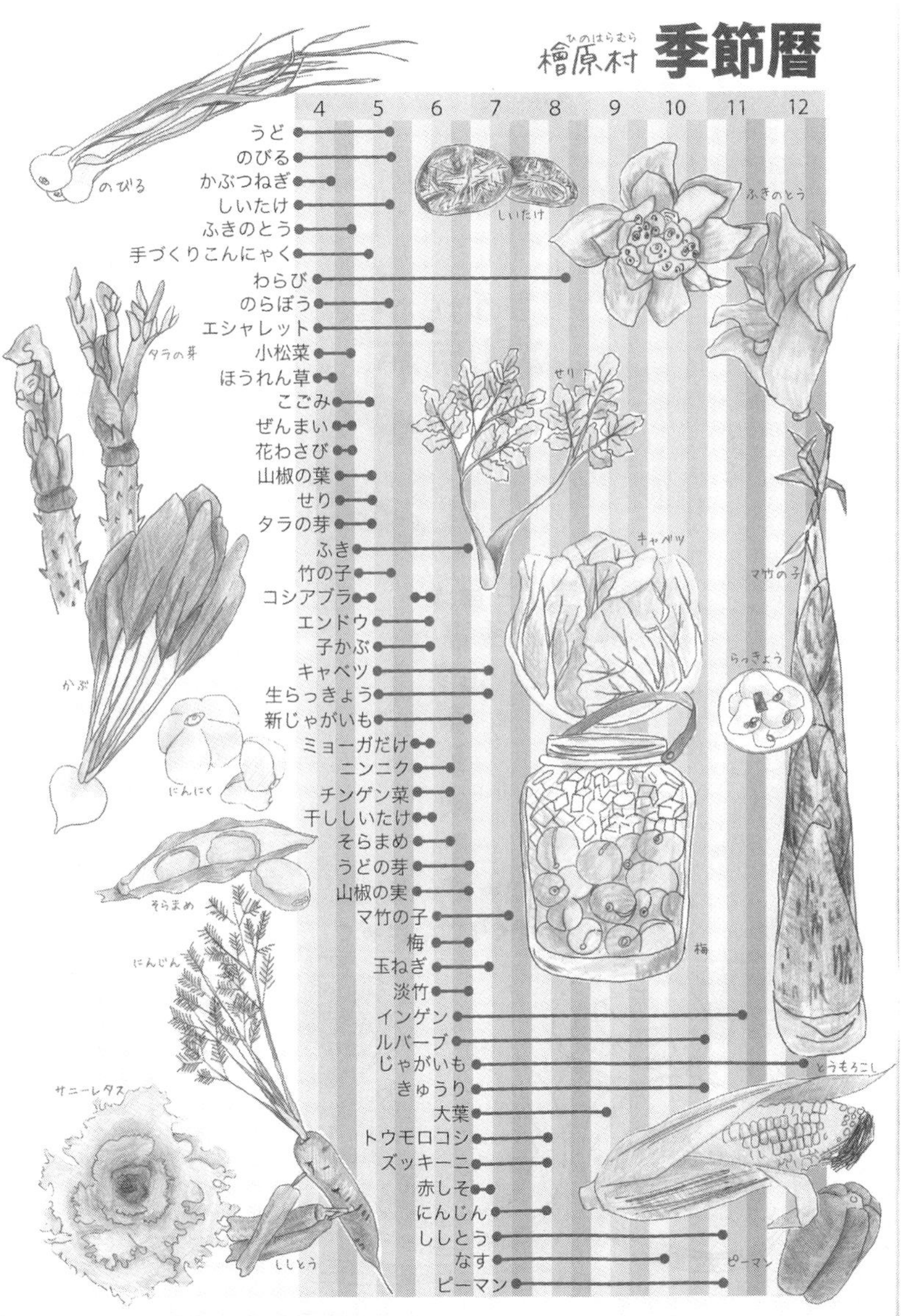
檜原村《ひのはらむら》 季節暦
4 5 6 7 8 9 10 11 12
うど
のびる
かぶつねぎ
しいたけ
ふきのとう
手づくりこんにゃく
わらび
のらぼう
エシャレット
小松菜
ほうれん草
こごみ
ぜんまい
花わさび
山椒の葉
せり
タラの芽
ふき
竹の子
コシアブラ
エンドウ
子かぶ
キャベツ
生らっきょう
新じゃがいも
ミョーガだけ
ニンニク
チンゲン菜
干ししいたけ
そらまめ
うどの芽
山椒の実
マ竹の子
梅
玉ねぎ
淡竹
インゲン
ルバーブ
じゃがいも
きゅうり
大葉
トウモロコシ
ズッキーニ
赤しそ
にんじん
ししとう
なす
ピーマン
のびる
しいたけ
ふきのとう
タラの芽
せり
キャベツ
マ竹の子
かぶ
らっきょう
にんにく
そらまめ
梅
にんじん
とうもろこし
サニーレタス
ししとう
ピーマン

## うど

### 葉や茎などで調理方法を変えましょう！

- ●葉先…天ぷら
- ●茎（やわらかい部分）…酢みそあえなどのあえもの
- ●茎（かたい部分）…きんぴら

### ウドのきんぴら

酒　大さじ2
みりん　大さじ2
砂糖　大さじ2
しょう油　大さじ2

ごま油で炒めたウドに調味料を入れて、水気が無くなるまで炒める。お好みで刻んだ鷹の爪やゴマをいれてもいいですね。にんじんなどを入れると色どり良く仕上がります。

野外パーティーにもピッタリ！

## 山菜汁　色々な山菜を楽しんで見て下さい。

いつもの味噌汁の中に山菜を入れるだけで、すっかり春の装いです。おすましの中に入れても山菜の風味を堪能するのも良いですね。山菜の他に、豚肉、お豆腐、ネギ、白菜を入れて具沢山にするのも美味しいですよ。

春の味覚である山菜を、香り、食感、風味と色々な面から楽しんで下さい。汁物、和えもの、天ぷらなど様々な調理法でお召し上がり下さい。それぞれの山菜にあったオリジナルの調理方法、味の組み合わせを見つけてみるのも楽しいのではないでしょうか？

色んな味のあえもので楽しみましょう！

## あえもの、さまざま

※それぞれのあえものの調味料を入れて、よく混ぜてから、お好みの山菜と和えます。

### 白あえ

木綿豆腐　1丁
砂糖　小さじ1
しょう油　大さじ1
すり白ごま　大さじ2
豆腐を良く水切りして、手でくずし、その他の調味料をいれてよくまぜます。すり鉢を使うと滑らかな仕上がりになります！

### ごまあえ

しょう油　大さじ1
みりん　小さじ1
練りごま（白）　小さじ1
砂糖　大さじ1／2
すりごま　大さじ1

### 酢みそあえ

酢　大さじ1
味噌　大さじ1
砂糖　小さじ1

適した調理方法で美味しくいただきましょう！

# 春の味覚 山菜

## わらび

意外と簡単

### わらびのアクぬき

ワラビ 500ｇに対して、30ｇ～50ｇの木灰をふりかけます。木灰がない場合は、２リットルの熱湯に茶さじ１杯の重曹でも良いです。熱湯を注いで３時間～10時間以上灰汁につけてその後、水にさらして調理する。一度、熱湯にくぐらせてもよいです。

※アクぬきしたワラビは、冷凍保存できます。

寝る前にわらびに灰を入れて熱湯かけて放っておけば、朝にはアクがぬけて、おいしく食べられますよ！

- おうどんやおそば、おこわにしてもおいしいです。
- おろししょうが、かつおぶしをのせて、めんつゆをかけておひたしでもさっぱりと食べられます。
- 油揚げなどと一緒に煮てもいいですね。

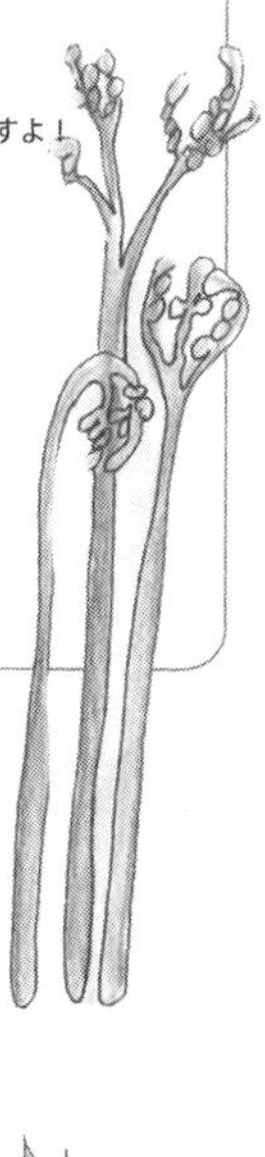

### わらびの煮物

| | |
|---|---|
| 水 | ３００CC |
| 粉末和風だし | 大さじ１ |
| 砂糖 | 大さじ１ |
| みりん | 大さじ１ |
| 酒 | 大さじ２ |
| 醤油 | 大さじ２ |

わらび、油揚げ、こんにゃく、ちくわ、鶏肉などを入れて煮ましょう。汁気が半分以下になるまで煮詰めた方が良いと思います。味見を見ながらお好みの味付けにして下さい。

## こごみ

こごみ・・・鮮やかなみどり色、特有の香り、くせのないやわらかい味

アクぬきなしで、すぐ調理ができる！

- 生のまま・・天ぷら、煮もの
- 軽く茹でて水に浸してから・・ごまあえ、酢みそあえ、白あえなど
- その他・・油炒め、サラダなど
  様々な食べ方があります。

## こしあぶら 別名「山菜の女王」

食べ方は、天ぷら、ごま和え、おひたし等

● 茹でたあと、冷水でアクぬきするのがポイント！！

天ぷらにするとおいしい！！のはなぜ？

若芽には、脂肪とタンパク質が豊富に含まれています。
天ぷらにすると脂肪質の味がして、コクがあり美味しいのです。
天ぷらは茹でずに生でしてください。

# たけのこ

## ● 下準備に用意するもの

●たけのこ（２０㎝以下位）、米ぬか（半カップくらい）、唐辛子１本

たけのこをよく洗い、頭部分を斜めに切り落とし、皮にも切れ目を入れる。鍋にたけのこが浸るくらい水にたけのこ、米ぬか、唐辛子を入れ、吹きこぼれないように中火で１時間くらいゆでる。火を止め、冷めるまでそのまま置いておく。皮をむいて、下部の汚れた部分を削りできあがり！

●下処理が終われば、たけのこご飯や煮物、天ぷら、パスタなど使い道は様々です。

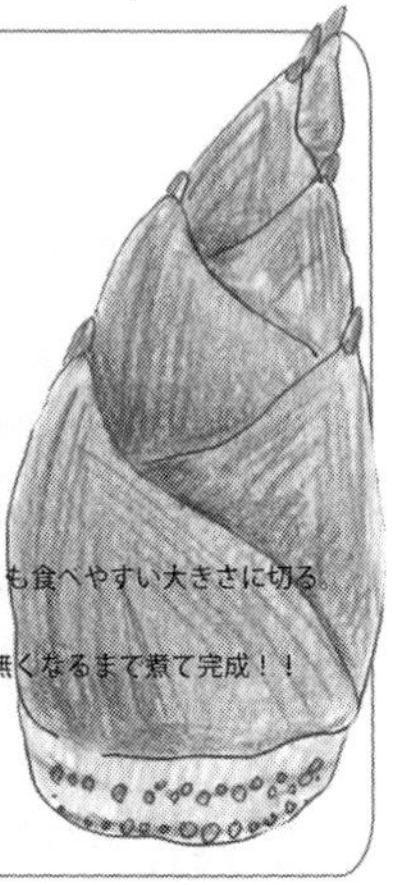

## たけのこの土佐煮

| | |
|---|---|
| たけのこ | ３００g |
| こんにゃく | １枚 |
| かつおぶし | 適量 |
| 醤油 | 大さじ3 |
| 酒 | 大さじ2 |
| 砂糖 | 大さじ1 |
| みりん | 大さじ1 |

●こんにゃくは下ゆでし、食べやすい大きさにちぎる。たけのこも食べやすい大きさに切る。

●フライパンにたけのことこんにゃくを入れて、3分程炒める。

●かつおぶしを全体にまぶし、調味料を入れて、弱火で汁気が無くなるまで煮て完成！！

●翌日の方が味が染みておいしいです。

# ふき

## ふきの下処理

●よく洗ったふきに塩を振って、軽く板ずりする。鍋に湯を沸かし塩（水に対して１%）を加え、太いのから順に入れ、硬めに3～5分ほどゆでる。

●ゆでた後、すぐ冷水につけさまし、冷めたら皮を剥いて完了！

## ふきの炒め煮

| | |
|---|---|
| ふき | 適量 |
| 油揚げ | ２枚 |
| だし | 小さじ1 |
| 酒 | 大さじ1 |
| 砂糖 | 大さじ1 |
| みりん | 大さじ1強 |
| 醤油 | 大さじ2程度 |

●フキと油揚げをごま油で炒め、酒、だし、醤油、砂糖で味付けし、水を少し加えます。みりんを入れ、汁気が無くなるまで炒めて完成です。

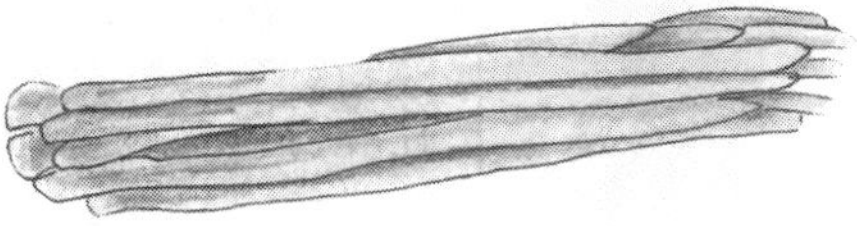

ふきの葉もほろ苦い佃煮に…。

## ふきの葉の佃煮

| | |
|---|---|
| ふきの葉 | ５００g |
| 重曹 | 小さじ5 |
| 水 | 5カップ |
| 醤油 | 1カップ |
| みりん | 1カップ |
| 砂糖 | 大さじ5 |
| 酢 | 大さじ5 |

●ふきの葉は千切りにし、水にさらしてしぼり、重曹をふりかけた後、熱湯をかけてしぼる。

●熱湯で5分ゆで水にさらし、１５分程しぼって水を変えることを２回程くり返す。

●ふきの葉と全ての調味料を入れ煮たて、煮たったら弱火にし汁気がなくなるまで煮詰める。

●お好みでゴマや鷹の爪を加えても美味しくしあがります。

# 春

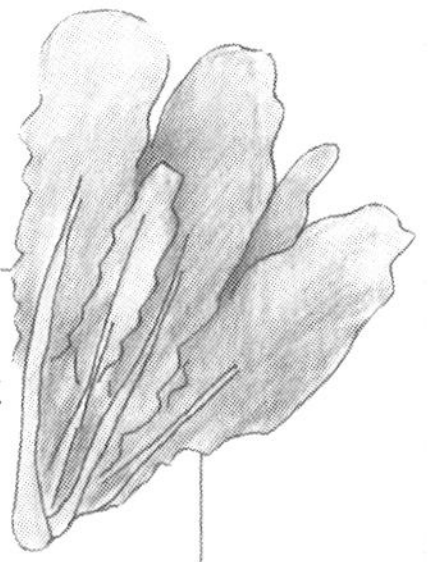

## のらぼう菜 ―どんな食べ方にも合う万能菜っぱ―

### おいしいゆで方

たっぷりの沸騰したお湯に塩を一つまみ入れ、のらぼう菜を茎からゆでます。一度ひっくり返して煮立ったらすぐに取り出し冷水にさらし、冷めたら固くしぼり水気を切ります。
※のらぼう菜を煮すぎると歯ごたえが無くなり、おいしくなくなるので注意！

- やわらかい花茎にはほのかな甘味があり、他の菜花類のような苦味やクセがない。
- ゴマあえやおひたし、みそ汁の具などにすると良い。
- 油とよく合うので、炒めてマヨネーズで食べてもよい。

かんたん!!

### のらぼう菜のゴマあえ

| | |
|---|---|
| のらぼう菜 | ３００g |
| 白ごま | 大さじ３ |
| 砂糖 | 大さじ１／２ |
| 醤油 | 大さじ１・１／２ |
| みりん | 小さじ１ |

## 花わさび

### 花わさびのおいしい食べ方

① 水洗いをして、３cm位に切る。
② 水切れの良い入れ物に花わさびを入れ、３００ccの熱湯を均等にふりかける。
③ 熱湯をきり、水でさっと冷やし少々の食塩をかけて強くもみ、すばやく完全密封する。
④ ３～４時間位で食べられる。

### アレンジ色々!!

#### ・酢づけ

根ごとさっと湯がき適当な大きさに切る。酢に漬け瓶などに密閉し２～３日置いたら食べ頃です。

#### ・しょう油つけ

葉根共に刻み瓶に入れ煮立てた調味液（しょう油 １・酒 １・だし １）をかけ密閉し１日置いてから食べましょう。

#### ・わさび漬け

細かくきざみ塩もみをし冷水で塩とアクを流した後、酒で溶いた酒粕と混ぜ、好みで塩、酢、砂糖で味をととのえます。瓶に密閉し３～４日で食べ頃となります。

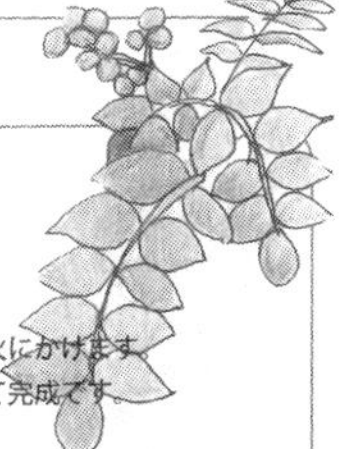

## 山椒の葉 ――この季節は、山椒の葉が柔らかくて美味しいです。

### 山椒の葉の佃煮

| | |
|---|---|
| 山椒の葉 | いっぱい |
| みりん | 大さじ１ |
| 醤油 | 適量 |
| 酒 | 大さじ２ |

- 山椒の葉は固ければ軸を取り除き、きれいに洗います。多めの湯で１分程ゆで（アクぬき）水にさらします。
- フライパンに油を敷かずに、調味料とゆでた山椒の葉を入れて、中火にかけます。
- 味を調整しながら、焦がさないように弱火でしっかり水分を飛ばして完成です。瓶などに詰めて、冷蔵庫で保存できます。

さらに

山椒の葉の佃煮とチリメンジャコを１：１でフライパンで軽く炒って、お好みで酒、みりん、醤油か麺つゆで味付けすると、ちりめん山椒に！！お試し下さい。

## インゲン豆―檜原村のインゲン豆は甘味があって美味しいです！！

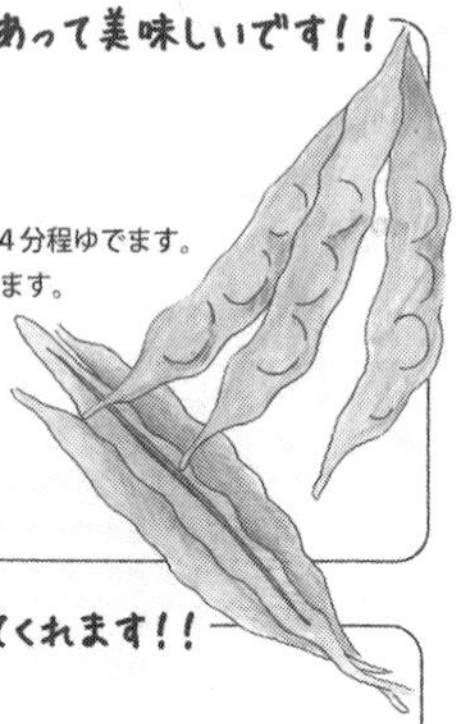

### インゲン豆のゴマ味噌あえ

| | |
|---|---|
| インゲン豆 | ２０本くらい |
| 味噌 | 大さじ１ |
| みりん | 小さじ２ |
| 砂糖 | 小さじ１ |
| すりごま | 適量 |

●インゲン豆はたっぷりの湯に塩を入れて、３～４分程ゆでます。
●調味料をよく混ぜて、インゲン豆を入れ、和えます。
●仕上げにすりごまをふって完成です！

この他にも・・・
バターで炒めたり、サラダの色どりにしてみたり、インゲン豆をお肉や卵で巻いても良いですね！　色々お試し下さい☆

## みょうが―みょうが特有の香りが、食欲を進めてくれます！！

薬味や和えものも良いですが、みょうががたくさんあるときは、これ！

### みょうがの酢漬け

| | |
|---|---|
| みょうが | ２０～３０個 |
| 酢 | 200cc |
| 砂糖 | 大さじ５強 |
| 塩 | 小さじ１弱 |

●まずお湯をたっぷり沸かします。その間に、みょうがをきれいに洗い、調味料をよく混ぜておきましょう。
●沸騰したお湯でみょうがをさっとゆで、お湯を切ります。
みょうがが熱いうちに調味料の中へいれると、キレイなピンク色になります☆
●味を整えて完成です！酢は馴染むので、意外と強くて大丈夫です。
タッパ等に入れて保存しましょう。※冷蔵庫に入れておくと長期保存できます！
※作る分量はお好みで調節して下さいね。

## ズッキーニ―油で炒めるとカロチンの吸収率アップ！栄養アップ！

カロチンの吸収率アップということで、体の免疫を強化・風邪の予防・粘膜の保護の強化などが期待できます。

その他に・・・低カロリーでダイエットに最適！！ビタミンが豊富で、むくみを解消し、血行促進効果があります！


とっても簡単な２品をご紹介！

### ズッキーニのマヨ焼き

ズッキーニの皮をシマシマになるようにむき、輪切りにします。

その上に、マヨネーズ・かつお節・醤油を混ぜたものを塗りオーブントースターで焦げ目がつくまで焼いて出来上がりです。

### ラタトゥイユ

ズッキーニ等の夏野菜（なす、たまねぎ、トマト…）を食べやすい大きさに切る。鍋に、オリーブオイルを入れて、みじん切りにしたにんにくを炒める。香りがしたら、ベーコンを炒め、他の野菜も加えて炒める。全体に油が回ったら、様子を見ながら、ホールトマト、水、コンソメの固形を入れ混ぜてフタをして煮込む。水気がなくなるまで煮込み、塩・コショウ・バジル等で味を調え完成！

そのまま食べる他、バケットにのせたり、食パンの上にチーズを加えてのせて焼いたり…アレンジ色々。冷たく冷やして食べてもおいしいです。

# 夏

## きゅうり

### こんなとき、きゅうりを食べよう!!

- 夏バテで食欲のないとき・・・豊富に含まれるビタミンCで疲労回復！
- むくみが気になるとき・・・・きゅうりには、利尿作用があります。
- ２日酔いがひどいとき・・・・体に残っているお酒の毒を消す作用もあるそう。

きゅうりがたくさん手に入ったときに、ぜひ作って欲しい2品をご紹介

### きゅうりの醤油漬け

きゅうり　1 kg
醤油　1カップ ）A
砂糖　1カップ ）A
酢　半カップ ）A

- きゅうりを７㎜～１㎝の輪切り、または乱切りにします。
- Aを沸騰させてきゅうりにかけ、冷まします。（１時間位）
- Aの冷めた汁だけを再度沸騰させ、きゅうりにかけまた冷まします。これを３回繰り返します。

※ きゅうりと一緒に生姜、人参、みょうが等を入れても美味しいです

### きゅうりの甘酢漬け

きゅうり　４本
ニンニク　１かけ
（又はショウガ）
赤唐辛子　１～２本
塩　小さじ１
砂糖　大さじ１
酢　適量

- きゅうりはざっと皮をむいて乱切り、ニンニクは薄切り、赤唐辛子は輪切りにします。
- きゅうりを塩でもみ込み、しんなりしてきたら水分を捨てて、砂糖、ニンニク、赤唐辛子を加えてもみこみます。
- ガラスのコップ等にもみこんだものをきっちり詰め、ヒタヒタまで酢を注ぎます。ラップをして冷蔵庫で一晩冷やすと美味しく召し上がれます。

※ きゅうりをうすく切り、ポテトサラダ等にいれてもいい

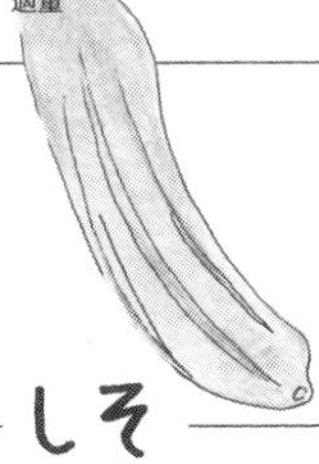

## 昔のきゅうり

昔から作られていた在来のきゅうりです。特に名前はなく、地元では「昔（むかし）のきゅうり」の名前で親しまれています。普通のきゅうりよりあっさりした味で、サラダや酢の物など使い道はさまざまです。

## しそ

### しその葉健康ジュース

しその葉　350ｇ位
砂糖（グラニュー糖）　1 kg
酢（500ml）　１本
クエン酸　小さじ１

- 水２ℓを沸騰させた中に、しその葉を全部入れて 20 分煮ます。（中火で時々かき混ぜる）
- ガーゼで漉します。
- 漉した汁の中に砂糖、酢、クエン酸を入れて中火で 20 分程煮て完成です。途中でアクが出てきたら取り除いて下さい。

※ 飲み方・・・３ないし４倍の冷水で薄めて飲んで下さいね。

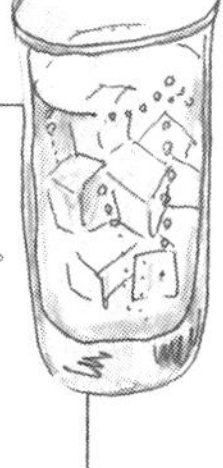

# ルバーブ

繊維がたくさん！！ビタミンＣやカルシウムを含みお通じを良くする効果があります。

## 材料は砂糖とルバーブだけ！！簡単☆★☆
## ルバーブジャム

- ルバーブは皮をむかなくても大丈夫です。
- 茎を２～３㎝に輪切りにして水にさらして鍋に並べます。
- その上にルバーブの５割程度の砂糖を加えます。お好みによって加減して下さい。水は加えなくても大丈夫です。
- 次に中火で加熱すると、５分程もすれば煮くずれします。
- ジャムの固さと保存性を高めるためによく煮詰めます。煮詰めることによって繊維の部分も崩れて、きれいなジャムになります。

※ コンポートやパイの材料としても最適です。

# ムカゴ

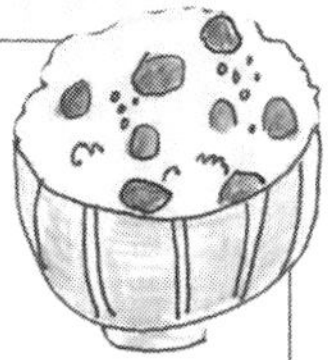

## ムカゴご飯

ムカゴ　適量
みりん　大３程度
昆布茶（塩）　お好み

- 炊飯器に洗ったお米とみりんを入れ、規定分量の水を入れて、洗ったムカゴをばらまき炊飯器のスイッチをオン！！
- 出来上がりに、昆布茶を振りかけて出来上がりです。

## ムカゴの甘辛煮

ムカゴを５～６分塩ゆでして、酒（大１）砂糖（大１）しょう油（大１）みりん（小さじ１と１／２）で甘辛く煮つけます。

## ムカゴの素揚げ

ムカゴを素揚げにし、塩を振りかけて食べても美味です！！箸がとまりません！

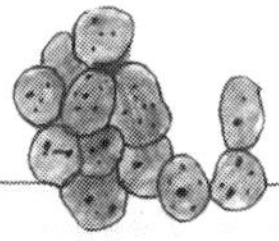

# ハヤトウリ

## ハヤトウリの甘酢漬け

ハヤトウリ　１個
酢　大４
だし　大４
砂糖　大２
しょう油　大１

- ハヤトウリは皮をむき食べやすい大きさに薄く切ります。人参ときゅうりも同様に切ります。
- 調味料と切った野菜を混ぜ合わせて完成です。

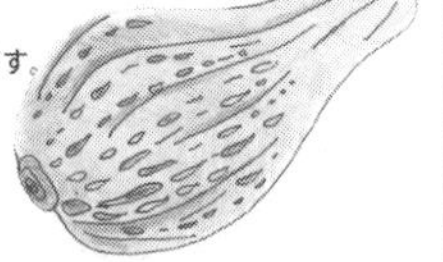

## ハヤトウリサラダ

ハヤトウリ　２個
人参・きゅうり　彩り程度
塩・こしょう・マヨネーズ・しょう油

- ハヤトウリは皮をむき食べやすい大きさに薄く切ります。人参ときゅうりも同様に切ります。
- 調味料と切った野菜を混ぜ合わせて完成です。

※　その他ぬか漬けや浅漬けでもおいしいです。

# 秋

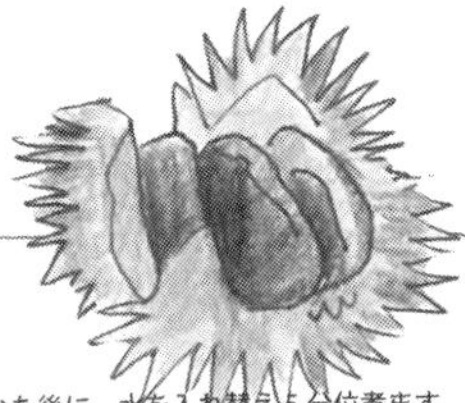

## 栗 — プチ贅沢☆

### 栗の渋皮煮

栗　1 kg
重曹　小さじ 1
砂糖　500～600 g
水　1 合
塩　小さじ 0.5

- 栗は鬼皮をむき、水を入れ、重曹を入れ 3～4 時間置いた後に、水を入れ替え 5 分位煮ます。
- 栗のスジを取ります。
- 水を取替え弱火で煮ます。黒い水が出なくなるまで水を替えて煮るのを 3～4 回繰返します。
- 煮汁は全部捨てて、砂糖、塩、水を入れ 5 分位煮てそのまま一晩つけて味をなじませて完成！（煮汁につけたまま保存しておきます。冷凍もできます。）

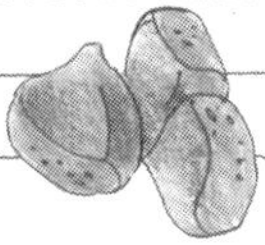

## ズイキ — シャキシャキと食感が良いですね！

### ズイキ（生）のアクぬき

- 生のズイキは皮をむき 3 ㎝位に切ります。
- 大きな鍋にお湯をたっぷり沸かし、その中にズイキを入れ、さっと煮てアク抜きをしてザルにあげます。その際に、水が黒くなりますが大丈夫です。

### ズイキの酢の物

- アクぬき後、ズイキが熱いうちに作っておいた三杯酢（酢・大 2、しょう油・大 1、砂糖・大 1／2）に入れ、酢がなじむように混ぜて味がなじめば完成です。
- 冷めたら冷蔵庫に入れ長期保存できます。

### ズイキのいため物

ズイキ　4～5 本
油揚げ　1 枚
しょう油　大 1
砂糖　小 2
みりん　大 1
水　大 1
一味唐辛子　少々

- ズイキは 2 ㎝くらいに切り、油揚げは食べやすい大きさに切ります。
- フライパンにズイキと油揚げを入れてさっと炒め、しんなりしたら調味料を加え、汁気がなくなるまで炒めれば完成です！！
- お好みで一味唐辛子を振っても美味しいです。

### ズイキの干し方（芋がら）

- ズイキの皮をむきます。（ゴザに包んでしんなりするまで寝かせると皮がむきやすいです）
- 水に軽く浸し、干します。２週間程でカラカラに干し上がります。
- 長期保存ができます。

### 芋がらの食べ方

- 水なら２時間、お湯なら１時間で戻ります。
- ２～３分程茹でてから水洗いしてから調理して下さい。

## ゆず

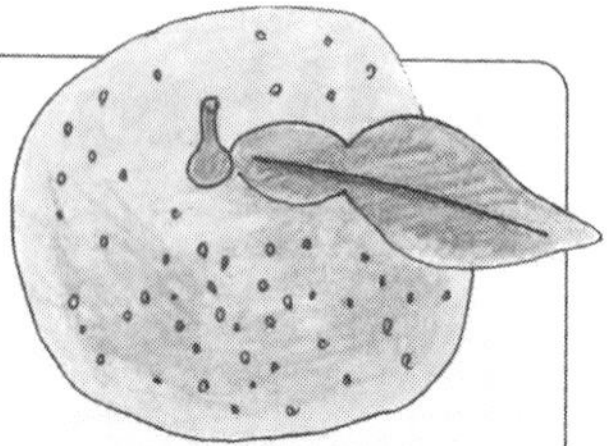

● ゆずの皮を刻んで、お漬ものに加えたり、汁ものなどに加えて、
風味や香りを楽しみましょう！
ゆずの黄色が目にも鮮やかです。
● ゆず果汁をポン酢に加えれば、ユズポンになりますね。

### ゆず味噌

| | |
|---|---|
| ゆず | 3個 |
| 味噌 | 300g |
| 砂糖 | 100g |
| みりん | 50cc |

● ゆずの皮を薄くむきます。
沸騰したお湯で一度茹でこぼし水気を切ったら細かく刻み、汁は絞って取っておきます。
● 鍋に調味料を入れゆずの果汁と刻んだ皮を入れて火にかけます。
● よくかき混ぜながら煮詰め照りがでてきたら出来上がりです☆

### ゆずの砂糖がけ

| | |
|---|---|
| ゆず | お好みの量 |
| 砂糖 | ゆずの半量程度 |
| ハチミツ | お好みで |
| リンゴ | 入れなくてもOK |

● ゆずを４等分して、薄くスライスします。
● あれば薄くスライスしたリンゴを入れ、ハチミツを入れて、完成です！
● 数時間後、味が馴染んできた頃もおいしいです。

## 分かりますか！？ 里芋・八ツ頭・八ツ子の違い

里芋……　江戸時代までは、イモの代表として食べられていました。里で作るから里芋！！八ツ子は親イモである八ツ頭を食べるのに対し、里芋は親イモが食べられません。モチモチ、ねっとりとした食感です。

八ツ頭…　小芋が親芋に結合して塊になって育ち、頭が沢山結合した状態なのでこの呼び名があります。この名にあやかって、正月の雑煮や煮物に用いられる高級品です。粘りもありますがホクホクしていて美味しいです。

八ツ子…　八ツ頭の横に出来る孫芋です。小さいのですが、里芋類の中で味は最高です。冷暗所で長期保存可能です。

「きぬかつぎ」とは…　小芋を茹でてツルツルと皮をむいて食べることを「きぬかつぎ」といいます。
なので、きぬかつぎと言えばたいてい八ツ子のことを指しています。

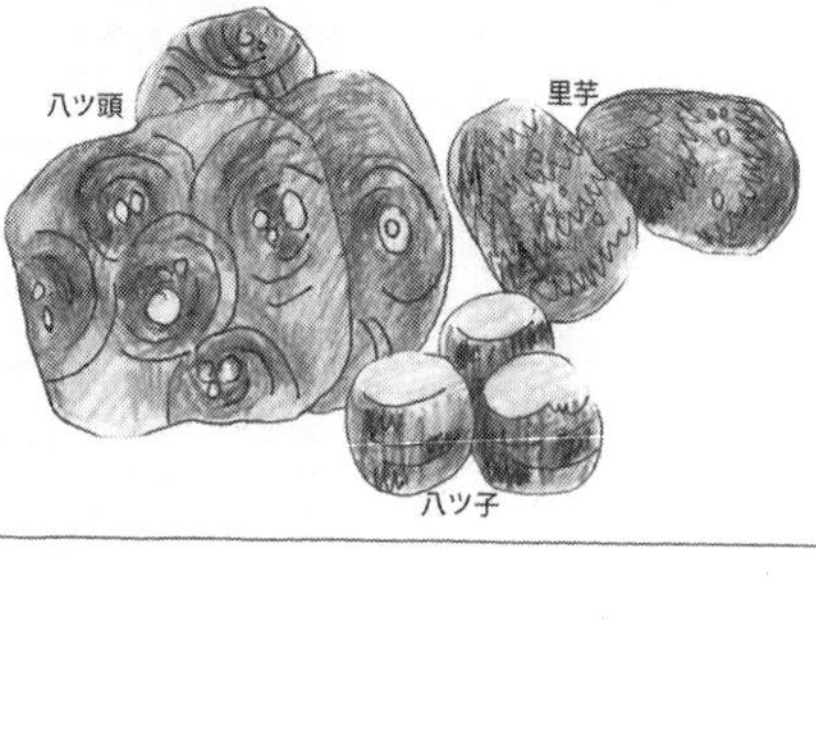

寒い冬に、煮物などに加えて、
美味しくお召し上がり下さい。

# 冬

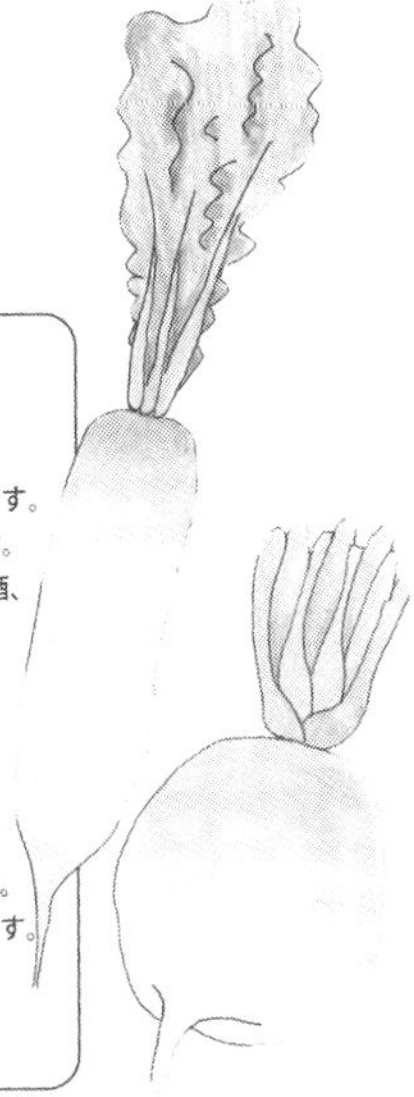

## 大根

### 大根とハチミツの汁がのどに良い！！

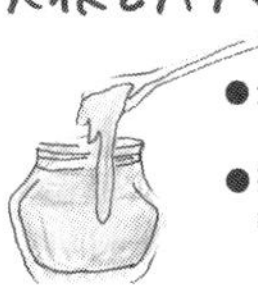

● 大根の千切りにハチミツを和えておくと甘い大根汁ができます。これをのどが痛い時に少しづつ飲むと、のどが楽になります。
● 残った大根は、油揚げやかつお節等を入れて油でいため、酒、醤油で味付けするとおいしく食べられます。

### さっぱり 大根の甘酢漬け

| | |
|---|---|
| 大根 | 10kg |
| （皮をむいたもの） | |
| 塩 | 3合 |
| 酢 | 3合 |
| 砂糖 | 1kg |

● 大根を２～３時間水につけてあくだし後、水から出します。
● 大根に塩をふり重石をして３～４日置き、出た水は捨てます。
● 酢と砂糖を混ぜ合わせたものでもう一度漬け直します。
● １週間位で食べられます。

## 白菜 ― 霜が降りると白菜の甘味も増してますますおいしくなります☆

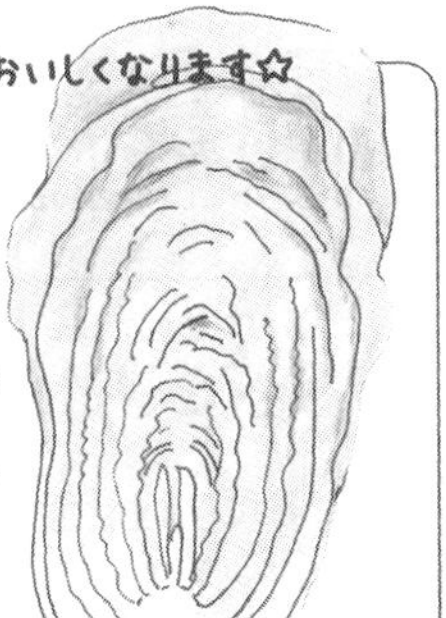

### あっさり白菜キムチ

| | |
|---|---|
| 白菜 | ４００ｇ |
| にんじん | １／２本 |
| しょうが | ３０ｇ |
| 塩 | 小さじ１ |
| おろしにんにく | 小さじ１ |
| 砂糖 | 小さじ２ |
| 粉唐辛子（粗め） | 小さじ２ |
| 白炒りごま | 大さじ１ |

● 白菜はざく切りにして、にんじんとショウガは細切りにします。
● 切った野菜と調味料をジップロックなど袋に入れ、よく混ぜ空気をぬきます。
● 冷蔵庫で３～４時間以上置いて、味を馴染ませれば完成です！！

### 白菜のおひたし

| | |
|---|---|
| 白菜 | 大きい葉８枚くらい（適量） |
| ごま油 | 大さじ２～３ |
| しょう油 | 適量 |
| お好みで・・・ | |
| 炒りゴマ、かつお節 | |
| 刻んだゆずの皮等 | |

● 白菜をたっぷりのお湯でさっと茹で、固くしぼります。（白菜は水分がでやすいので）。
● ごま油としょう油をまわしかけます。
● あとは、お好みでの具材をかけて完成です！

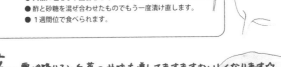

## 『山菜王国』にご協力いただいた方々

### 北海道

北の鉢　ポッポ舎（稲葉典子）

〒 090-0801　北海道北見市春光町 4-10-8　TEL : 090-9978-8683

北海道医療大学薬学部（堀田　清）

〒 061-0293　北海道石狩郡当別町金沢 1757　TEL : 0133-23-3792

### 秋田県

横手市役所　商工観光部観光物産課

〒 013-8601　秋田県横手市駅前町 1-10　TEL:0182-32-2119

### 岩手県

株式会社　岩泉産業開発

〒 028-5641　岩手県下閉郡岩泉町乙茂宇字乙茂 90-2　TEL:0194-22-4432

### 山形県

行者菜生産グループ（遠藤孝太郎）

〒 993-0035　山形県長井市時庭 1409　TEL : 0238-84-6445

最上地域山菜加工関係団体連絡協議会

〒 999-6212　山形県最上郡最上町志茂 1626-2　TEL:080-1838-2844

### 群馬県

特定非営利活動法人　浅間・吾妻エコツーリズム協会（赤木道紘）

〒 377-1613　群馬県吾妻郡嬬恋村大笹 2128-47 TEL&FAX 0279-25-7593

一般社団法人　日本きのこ研究所

〒376-0051　群馬県桐生市平井町8 - 1　TEL : 0277-22-8165

千葉県

佐倉きのこ園（斎藤勇人）

〒285-0808　千葉県佐倉市太田2395　TEL : 043-486-3987

東京都

一般社団法人檜原村観光協会

〒190-0223　東京都西多摩郡檜原村403　TEL:042-598-0069

やまぶき屋

〒190-0223　東京都西多摩郡檜原村柏木野847　TEL:042-598-0429

山梨県

薬草膳処　じゅん庵（三田村純）

〒401-0021 山梨県大月市初狩町下初狩2302　TEL:0554-25-2636

長野県

小海町役場　産業建設課

〒384-1192　長野県南佐久郡小海町豊里57-1　TEL : 0267-92-2525

新潟県

一般社団法人　魚沼市観光協会

〒946-0075 新潟県魚沼市吉田1144　TEL:025-792-7300

岐阜県

飛騨季節料理　肴（今井速雄）

〒 506-0033　岐阜県高山市越後町 1126-1　TEL&FAX : 057-736-1288

内藤記念くすりの博物館

〒 501-6195　岐阜県各務原市川島竹早町 1　TEL : 0586-89-2101

石川県

小松市役所　経済観光文化部　環境王国こまつ推進本部

〒 923-8650　石川県小松市小馬出町 91　TEL:0761-24-8078

滋賀県

明知鉄道株式会社

〒 509-7705 岐阜県恵那市明智町 469-4　TEL : 0573-54-4101

京都府

株式会社日本新薬　山科植物資料館（山浦高夫）

〒 607-8182 京都市山科区大宅坂ノ辻町 39　TEL : 075-581-0419

（敬称略）

## 監修者紹介

中村信也（なかむら・のぶや）

1947 年、鹿児島県生まれ。鹿児島大学医学部卒業。整形外科医師。虎ノ門病院、東京大学付属病院を経て、外務省の後、厚生省へ。大阪検疫所長、静岡県環境衛生科学研究所長などを歴任。医師であると同時に、2000 年より東京家政大学家政学部栄養学科教授として教鞭をとり、「食と医療」の医療薬膳研究の第一人者として活躍中。小松市と共同開発した「山菜検定」の普及にも力を入れている。著書に『健康の基礎知識』『健康診断の基礎知識』他多数がある。作家でもあり、日本作家クラブ第 11 代理事長。

炭焼三太郎（すみやき・さんたろう）

1997 年、八王子市恩方地区の醍醐地区に恩方一村逸品研究所を創設。炭焼きの知識と技術の普及を図るとともに、炭焼きによる地域おこしや環境ビジネスのアドバイザーとしても全国を飛び回る。現在、内閣府認証 NPO 法人日本エコクラブ理事長、一般社団法人ザ・コミュニティ副会長、広域中央線沿線楽会世話人、DAIGO エコロジー村村長を兼ねる。編著書に『炭焼三太郎物語』『コミュニティ・プロジェクト』他多数がある。

## 編者紹介

一般社団法人ザ・コミュニティ

今日的・地域的課題の解決やまちづくり・むらおこしなどに取り組む学者・文化人や地域計画家、ジャーナリスト、編集者などからなる地域活性化集団。


山菜王国《さんさいおうこく》 ～おいしい日本菜生《にほんさいせい》ビジネス～

2015 年 3 月 31 日　第 1 刷発行

監修者　中村信也《なかむらのぶや》・炭焼三太郎《すみやきさんたろう》

編　者　一般社団法人《いっぱんしゃだんほうじん》ザ・コミュニティ

編　集　エコハ出版・鈴木克也、地研・奥山貞三

発行者　落合英秋

発行所　株式会社 日本地域社会研究所

〒 167-0043　東京都杉並区上荻 1-25-1

TEL　(03)5397-1231(代表)

FAX　(03)5397-1237

メールアドレス　tps@n-chiken.com

ホームページ　http://www.n-chiken.com

郵便振替口座　00150-1-41143

印刷所　中央精版印刷株式会社





ISBN978-4-89022-157-8

## 日本地域社会研究所の好評図書

## 日本地域社会研究所の好評図書

三浦清一郎著…教育学の立場から精神医学の「新型うつ病」に異を唱え、クスリもカウンセリングも効かない「心の危機」を回避する方法をわかりやすく説き明かす。患者とその家族、学校教育の関係者など必読の書！

### 「心の危機」の処方箋 「新型うつ病」を克服するチカラ

46判138頁／1400円

炭焼三太郎編著…昔懐かしい日本のふるさとの原形、人間と自然が織りなす暮らしの原景（モデル）が残る里山。里山資本主義の時代の新しい生き方を探る地域おこし・人生強化書！男のロマン〝山村ユートピア〟づくりを提唱する話題の書。

### 里山エコトピア 理想郷づくりの絵物語！

A5判166頁／1700円

東出融＝文・本田麗子＝絵…山や森・太陽・落ち葉…自然にしか作れない伏流水はすべての生き物に欠かすことのできないごちそうだ。安心して暮らせる地球のために森を守り育てよう。環境問題を新たな視点から描く啓蒙書。

### いのちの森と水のプロジェクト

A5判上製60頁／1800円

みんなで本を出そう会編…一人では無理でも、何人か集まれば、誰でも本が出せる。出版しなければ、何も残らない。しかも本を出せば、あちこちからお呼びがかかるかもしれない。同人誌ならぬ同人本の第1弾！

### 世のため人のため自分のための地域活動 ～社会とつながる幸せの実践～

46判247頁／1800円

斎藤祐子著…天と地の無限のパワーを取り込んで、幸せにゆたかに生きよう。人生に平安と静けさ、喜びをもたらす「21の心得」とその具体的実践方法を学ぼう。心と体のトーニング・セラピストがいつでも、どこでも誰にでもできる「Ｆｕｊｉ（不二）トーラス呼吸法」を初公開！

### 人生が喜びに変わる1分間呼吸法

A5判249頁／2200円

志田清之著…1日1回で完了するプログラム「サイコリリース療法」は、現役医師も治療を受けるほどの注目度だ。新進気鋭の心理カウンセラーによる心身症治療とその考え方、実践方法を公開！

### 心を軽くする79のヒント 不安・ストレス・うつを解消！

46判188頁／2000円